U0319844

特种建（构）筑物建造安全控制技术丛书

穿越既有结构
施工安全控制技术

李慧民　田卫　张广敏　钟兴润　著

北　京

冶金工业出版社

2019

内 容 提 要

本书结合穿越既有建（构）筑物、地铁、管廊、桥梁、公路等结构的施工项目，探讨了穿越既有结构施工安全影响机理与安全控制技术等内容。

首先阐述穿越既有结构施工类型及特点，提出了穿越既有结构施工安全问题；然后系统论述施工安全关键技术及其安全影响机理，分析了不同工法的施工安全影响因素；其次探讨了穿越既有结构施工安全监测技术；进而结合穿越既有结构施工安全控制的特点，构建穿越既有结构施工安全评价指标体系，设计出以预警系统、控制措施、决策系统等为主要模块的施工安全控制系统；最后基于三个穿越既有结构施工的工程案例，系统全面阐述了施工安全控制技术在实际工程中的应用。

本书可供穿越既有结构建设工程设计单位、建设单位、施工单位以及监理单位等相关人员阅读，也可作为高等院校相关专业教学用书。

图书在版编目（CIP）数据

穿越既有结构施工安全控制技术/李慧民等著 . —北京：
冶金工业出版社，2019. 6
（特种建（构）筑物建造安全控制技术丛书）
ISBN 978-7-5024-8093-6

Ⅰ. ①穿…　Ⅱ. ①李…　Ⅲ. ①结构工程—工程施工—安全控制技术　Ⅳ. ①TU714

中国版本图书馆 CIP 数据核字（2019）第 092915 号

出 版 人　谭学余
地　　址　北京市东城区嵩祝院北巷 39 号　邮编　100009　电话　（010）64027926
网　　址　www.cnmip.com.cn　电子信箱　yjcbs@ cnmip. com. cn
责任编辑　杨　敏　美术编辑　彭子赫　版式设计　禹　蕊
责任校对　卿文春　责任印制　牛晓波
ISBN 978-7-5024-8093-6
冶金工业出版社出版发行；各地新华书店经销；三河市双峰印刷装订有限公司印刷
2019 年 6 月第 1 版，2019 年 6 月第 1 次印刷
169mm×239mm；12. 25 印张；235 千字；183 页
64. 00 元

冶金工业出版社　投稿电话　（010）64027932　投稿信箱　tougao@cnmip. com. cn
冶金工业出版社营销中心　电话　（010）64044283　传真　（010）64027893
冶金工业出版社天猫旗舰店　yjgycbs. tmall. com
（本书如有印装质量问题，本社营销中心负责退换）

前　言

在当前我国基础设施建设过程中，出现了大量穿越既有建（构）筑物、地铁、管廊、桥梁、公路等结构的施工项目，导致新建工程安全施工与既有结构正常运营（使用）之间产生难以协调的矛盾。因此，如何进行科学有效的施工安全控制是此类工程建设过程中的重点和难点问题。本书结合该类工程建设项目探讨了穿越既有结构施工安全影响机理与安全控制技术等内容。全书共分为9章，其中，第1章主要阐述穿越既有结构施工类型及特点，提出了穿越既有结构施工安全问题；第2章系统论述了明挖法、盾构法、浅埋暗挖法、顶管法等施工安全关键技术及其安全影响机理；第3章在总结归纳既有结构破坏形式的基础上，分析了不同工法的施工安全影响因素；第4章依据相关规范、监测仪器与监测方法，探讨了穿越既有结构施工安全监测技术；第5章结合穿越既有结构施工安全控制的特点，构建了穿越既有结构施工安全评价指标体系，系统总结相关安全控制标准；第6章在前文相关安全控制技术的基础上，设计了以预警系统、控制措施、决策系统等为主要模块的施工安全控制系统；第7~9章基于三个穿越既有结构施工的工程案例，系统全面阐述了施工安全控制技术在实际工程中的应用。

本书主要由李慧民、田卫、张广敏、钟兴润撰写。各章撰写分工为：第1章由李慧民、孟江、高明哲撰写；第2章由田卫、张广敏撰写；第3章由钟兴润、柴庆撰写；第4章由田卫、孟江撰写；第 5 章由张广敏、钟兴举撰写；第 6 章由李慧民、钟兴举、高明哲撰写；第 7 章由关继发、钟兴举、孟江、柴庆撰写；第 8 章由徐珂、钟兴润、黎峻峰、李燕撰写；第 9 章由韩树国、柴庆、孟磊、徐红玲撰写。

本书的撰写得到了西安建筑科技大学、郑州交通建设投资有限公司、中铁二十一局等单位的教师、技术和管理人员的大力支持与帮助，并参考了有关专家学者的研究成果与文献资料，在此一并向他们表示衷心的感谢。

由于作者水平所限，书中不足之处，敬请广大读者批评指正。

作　者
2018 年 12 月

目 录

1 穿越既有结构施工安全概论 ······························ 1
  1.1 穿越既有结构施工安全起源 ······················· 1
    1.1.1 穿越既有结构施工安全背景 ················· 1
    1.1.2 穿越既有结构施工安全内涵 ················· 3
  1.2 穿越既有结构施工类型及特点 ····················· 6
    1.2.1 穿越既有结构施工类型 ····················· 6
    1.2.2 穿越既有结构施工特点 ····················· 8
  1.3 穿越既有结构施工安全问题 ······················· 9
    1.3.1 新建工程施工安全问题 ····················· 9
    1.3.2 既有结构安全问题 ························· 10

2 穿越既有结构施工影响机理 ··························· 12
  2.1 明挖法穿越既有结构施工 ························· 12
    2.1.1 明挖法穿越既有结构施工关键技术 ··········· 12
    2.1.2 明挖法穿越既有结构施工影响机理 ··········· 14
  2.2 盾构法穿越既有结构施工 ························· 16
    2.2.1 盾构法穿越既有结构施工关键技术 ··········· 16
    2.2.2 盾构法穿越既有结构施工影响机理 ··········· 21
  2.3 浅埋暗挖法穿越既有结构施工 ····················· 23
    2.3.1 浅埋暗挖法穿越既有结构施工关键技术 ······· 23
    2.3.2 浅埋暗挖法穿越既有结构施工影响机理 ······· 26
  2.4 顶管法穿越既有结构施工 ························· 28
    2.4.1 顶管法穿越既有结构施工关键技术 ··········· 28
    2.4.2 顶管法穿越既有结构施工影响机理 ··········· 30

3 穿越既有结构施工安全影响因素 ······················· 33
  3.1 穿越既有结构施工安全基本因素 ··················· 33
    3.1.1 地质因素 ································· 33
    3.1.2 新建工程状况 ····························· 35

3.1.3 既有结构 ……………………………………………… 38
3.2 既有结构的破坏形式 ……………………………………… 38
3.2.1 既有建筑物的破坏形式 ………………………………… 38
3.2.2 既有地铁的破坏形式 …………………………………… 40
3.2.3 既有深基础的破坏形式 ………………………………… 41
3.3 基于不同工法的施工安全影响因素 ……………………… 42
3.3.1 明挖法施工安全影响因素 ……………………………… 42
3.3.2 盾构法施工安全影响因素 ……………………………… 43
3.3.3 浅埋暗挖法施工安全影响因素 ………………………… 47
3.3.4 顶管法施工安全影响因素 ……………………………… 48

4 穿越既有结构施工安全监测技术 ……………………………… 49
4.1 穿越既有结构施工安全监测仪器 ………………………… 49
4.1.1 位移及沉降监测仪器 …………………………………… 49
4.1.2 裂缝及变形监测仪器 …………………………………… 52
4.1.3 应力监测仪器 …………………………………………… 54
4.2 穿越既有结构施工安全监测方法 ………………………… 54
4.2.1 位移及沉降监测方法 …………………………………… 54
4.2.2 裂缝及变形监测方法 …………………………………… 58
4.2.3 应力及地下水位监测方法 ……………………………… 61
4.3 穿越既有结构施工安全监测方案 ………………………… 66
4.3.1 安全监测项选择 ………………………………………… 66
4.3.2 安全监测点布设 ………………………………………… 68
4.3.3 安全监测体系 …………………………………………… 71

5 穿越既有结构施工安全评价技术 ……………………………… 73
5.1 穿越既有结构施工安全评价指标 ………………………… 73
5.1.1 施工安全评价指标概述 ………………………………… 73
5.1.2 施工安全评价指标筛选 ………………………………… 74
5.1.3 施工安全评价指标体系 ………………………………… 75
5.2 穿越既有结构施工安全评价模型 ………………………… 82
5.2.1 施工安全评价方法 ……………………………………… 82
5.2.2 施工安全评价指标权重 ………………………………… 84
5.2.3 施工安全风险等级划分 ………………………………… 85
5.3 既有结构施工安全控制标准 ……………………………… 86

　　5.3.1　控制标准制定原则及程序 ················· 86

　　5.3.2　既有结构安全控制标准制定方法 ············· 88

　　5.3.3　既有结构安全控制标准内容 ··············· 89

6　穿越既有结构施工安全控制系统 ················· 92

　6.1　穿越既有结构施工安全控制系统框架 ············· 92

　6.2　穿越既有结构施工安全预警系统 ··············· 93

　　6.2.1　施工安全预警相关概念 ················· 93

　　6.2.2　施工安全预警指标体系 ················· 95

　　6.2.3　施工安全预警等级划分 ················· 97

　　6.2.4　施工安全预警控制限值 ················· 98

　6.3　穿越既有结构施工安全控制措施 ··············· 99

　　6.3.1　新建工程施工安全控制措施 ··············· 99

　　6.3.2　既有结构安全控制措施 ················· 102

　6.4　穿越既有结构施工安全决策系统 ·············· 106

　　6.4.1　施工安全决策模式 ··················· 106

　　6.4.2　施工安全决策系统设计 ················· 107

7　地下建筑穿越既有地铁施工 ·················· 109

　7.1　工程概况 ························· 109

　　7.1.1　工程基本信息 ····················· 109

　　7.1.2　工程地质条件 ····················· 110

　　7.1.3　水文地质概况 ····················· 111

　7.2　施工安全风险项 ····················· 112

　7.3　施工安全控制措施 ···················· 113

　　7.3.1　顺作基坑施工安全控制措施 ·············· 113

　　7.3.2　逆作基坑施工安全控制措施 ·············· 121

　　7.3.3　既有地铁隧道上方施工安全控制措施 ·········· 123

　　7.3.4　降水施工安全控制措施 ················· 128

　7.4　施工安全风险控制系统 ·················· 132

　　7.4.1　施工安全风险控制指标 ················· 132

　　7.4.2　施工安全风险评价模型 ················· 133

　　7.4.3　施工安全风险控制系统 ················· 135

8　高速公路穿越既有铁路施工 ················· 139
　8.1　工程概况 ····························· 139
　　8.1.1　工程基本信息 ······················ 139
　　8.1.2　箱桥顶进施工工艺 ··················· 141
　8.2　既有铁路路基变形数值分析 ················· 142
　　8.2.1　基于 FLAC 3D 的既有铁路路基变形模型建立 ···· 142
　　8.2.2　不同顶进步长对铁路既有线路基变形影响分析 ··· 145
　8.3　施工安全风险因素分析 ··················· 150
　　8.3.1　箱桥顶进导致铁路路基变形的风险 ·········· 150
　　8.3.2　列车动载导致铁路路基变形的风险 ·········· 150
　　8.3.3　施工降水导致铁路路基变形的风险 ·········· 151
　8.4　施工安全风险评价 ····················· 151
　　8.4.1　施工安全风险评价指标 ················ 151
　　8.4.2　施工安全风险评价模型 ················ 151
　　8.4.3　施工安全风险等级 ··················· 156
　8.5　施工安全控制措施 ····················· 160
　　8.5.1　铁路路基沉降观测 ··················· 160
　　8.5.2　箱桥顶进步长控制 ··················· 160
　　8.5.3　列车运行速度控制 ··················· 161
　　8.5.4　降水控制 ······················· 162
　　8.5.5　铁路路基注浆加固 ··················· 163
　　8.5.6　铁路线路加固 ····················· 163

9　新建地铁穿越既有地铁施工 ················· 165
　9.1　工程概况 ····························· 165
　　9.1.1　工程基本信息 ······················ 165
　　9.1.2　地质水文条件 ······················ 165
　9.2　既有地铁结构状况调查 ··················· 166
　　9.2.1　既有地铁结构现状 ··················· 166
　　9.2.2　施工前状况调查 ···················· 167
　　9.2.3　施工中状况调查 ···················· 167
　　9.2.4　施工方案优化 ····················· 168
　9.3　施工安全风险评价 ····················· 169
　　9.3.1　风险辨识 ······················· 169
　　9.3.2　风险评价 ······················· 171

9.4　施工安全控制措施 ·· 173

9.4.1　注浆施工工艺及措施 ·· 173

9.4.2　变形缝渗漏水控制措施 ·· 179

9.4.3　结构裂缝控制措施 ·· 180

9.4.4　轨道沉降控制措施 ·· 181

参考文献 ··· 183

1 穿越既有结构施工安全概论

1.1 穿越既有结构施工安全起源

1.1.1 穿越既有结构施工安全背景

在当前城市人口快速增长和土地资源日益稀缺的情况下，为了满足居住者对城市环境的正常要求，建设者需要采取多种途径加深对城市空间的开发利用。因此，除了以往传统的地上建筑、公路、铁路、管道等工程建设项目不断发展之外，越来越多的地下建筑、地铁以及轻轨等不断涌现在城市的各个层面。在此情况下，工程建设过程中出现了大量新建工程与既有结构之间采用上跨、下穿以及平面交叉等形式进行建设施工，如建（构）筑物与地铁之间、地铁与地铁之间、公路与地铁之间、建（构）筑物与轻轨之间、公路与铁路之间、管道与交通工程之间等的穿越施工项目。所谓穿越既有结构施工，即为新建的建（构）筑物施工时在空间上与既有结构有交叉，需要在既有结构的上部、下部或侧面穿过施工。据不完全统计，随着高速铁路、高速公路以及城市地下管网密度不断提升，目前新建高速公路或铁路，60%以上的项目都涉及穿越既有结构施工问题。如图 1-1 所示工程即为一高速公路下穿既有铁路施工项目，项目的难点主要集中于在确保箱涵顶进施工安全的同时还要保证列车的安全运营。

(a)   (b)

图 1-1   高速公路下穿既有铁路施工

（a）高速公路箱涵顶进施工；（b）对既有铁路进行保护

目前在穿越施工项目中，以城市新建地下工程（地下建筑结构、地铁、公路等）穿越既有在役或运营结构最具代表性，因为一者该类项目数量在穿越施工项目中占有较大比例，如图 1-2 及图 1-3 所示，截至 2017 年底，我国各城市在建的城轨交通里程数及车站数量相当庞大；再者该类项目采取的穿越施工形式多样，上部、下部或侧面穿越的施工方式在建设中皆有应用，城市交通网络建设更为复杂；加之，大量的城轨交通建设集中在城市建筑密集区，在项目建设的外围区域存在大量的人流交通，而且各建设区域的水文地质及建筑环境也存在很大差异。可见，此类工程不仅有一般的建设工程的特点而且具有其特殊性，其中最突出的矛盾就是新建建（构）筑物的施工安全和既有建（构）筑物安全运营的冲突问题。一方面，新建的建（构）筑物穿越既有结构，施工过程中会对既有结构的地基或者荷载状况产生影响，容易造成既有结构安全稳定问题；另一方面，既有结构在施工的条件下正常使用会对新建建（构）筑物的施工带来很大的挑战，加大了施工难度，增加了施工作业人员的安全风险。另外，由于新建工程与既有结构间存在不同的建设周期、技术标准、施工要求及管理模式，使得穿越工程施工存在"技术壁垒"和"管理壁垒"，对于后建设一方不仅是重大的风险源，更是管理和技术上需要攻克的重点和难点，而对于在役方同样承担着巨大的安全服役运营保障风险。因此，两者之间难以调和的矛盾显著增加了此类工程的安全风险。

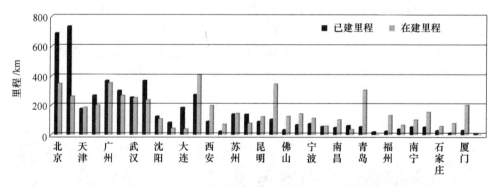

图 1-2 2017 年各城市城轨交通运营里程和在建里程统计

目前，穿越工程相关施工技术与管理尚不能完全满足工程建设需求，施工安全控制办法还比较原始和粗放，施工过程中尚缺乏系统科学的信息化安全风险控制技术与管理方法，导致实际施工过程中出现诸多问题，各种安全事故频发，造成较大经济损失和不良社会反响（如表 1-1 所示）。可见，穿越既有结构施工项目当前亟需一系列科学合理且行之有效的安全控制理论体系。这也是目前国内外相关研究领域的热点和难点问题之一。

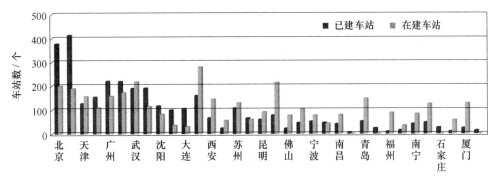

图 1-3 2017 年各城市城轨交通已建车站和在建车站统计

表 1-1 部分穿越既有结构施工安全事故

时间	地点	项目类型	安 全 事 故
2007 年 2 月	上海	隧道侧穿既有管廊	南京汉中路牌楼巷与汉中路交叉路口北侧，正在施工的南京地铁 2 号线出现渗水塌陷，造成天然气管道断裂爆炸。事故导致附近 5000 多户居民停水、停电、停气，附近的金鹏大厦被爆燃的火苗袭击，事故没有造成人员伤亡
2007 年 5 月	武汉	地铁穿越既有车站	在湖北武昌站进行箱涵下穿顶进施工过程中，工作坑的北侧突然发生坍塌，将工作坑内施工人员掩埋，造成 2 人死亡、2 人轻伤
2011 年 12 月	商丘	高速公路穿越既有铁路	商丘某段高速公路在下穿陇海线铁路施工时，由于顶进施工操作不当导致架空体系产生整体位移，以致铁路线停运两小时，造成较大经济损失，所幸无人员伤亡
2012 年 5 月	贵州	铁路穿越高速公路	贵广铁路穿越广州绕城高速公路，防护棚贝雷片掉落，砸中三辆汽车，造成四人受伤（重伤一人），同时广州绕城高速公路拥堵十多个小时
2016 年 10 月	沈阳	地铁穿越既有公路	沈阳市地铁 9 号线第 22 标段区间隧道发生坍塌事故，造成 3 名施工人员死亡
2018 年 2 月	佛山	地铁穿越既有公路	广东省佛山市禅城区地铁 2 号线绿岛湖—湖涌盾构区间工地发生地面塌陷事故，导致 11 人死亡，1 人失联

1.1.2 穿越既有结构施工安全内涵

1.1.2.1 穿越既有结构施工安全风险

A 安全风险定义

危险是事物所处的一种不安全状态，在这种状态下，将可能导致某种事故或一系列的损失，包括人员伤害、财产损失或环境破坏等。危险的出现概率、发生何种事故及其发生概率、导致何种损失及其概率都是不确定的。这种事故形成过程中的不确定性，就是广义上的风险，用数学模型可表示为：

$$R = f(H, P, C)$$

式中，R 为风险（Risk）；H 为危险（Hazard）；P 为危险发生的概率（Probability）；C 为危险发生导致的损失（Cost）。

在实际的风险分析中，人们更关心事故所造成的损失，并把这种不确定损失的期望值叫做风险，这就是狭义的风险，用数学模型可表示为：

$$R = f(C)$$

式中，C 为危险发生导致的损失。

在穿越既有结构等工程建设中，风险指特定危险源引起事故发生的概率与造成损失大小的综合评估。风险是描述新建工程以及既有结构潜在危险程度的客观量。风险 R 具有损失程度和概率的二重性，所以风险可用损失程度 C 和发生概率 P 的函数来表示，即 $R = f(P, C)$。

B　安全风险特征

（1）客观性。风险是客观存在的，在穿越既有结构工程建设活动中，风险是不可避免的，为了预防事故的发生，只能通过有效的安全管理措施降低风险发生的概率及损失程度，而风险是无法消灭的。

（2）普遍性。风险并不是只存在于固定形式的活动中，任何行为都存在着风险。因此，穿越既有结构施工过程中的任何一个环节都可能存在着风险。作业人员的安全意识、施工技术可靠性、机械设备的运行状况、既有结构的运行状况以及施工管理的水平都有可能导致风险事件的发生。

（3）不确定性。风险的不确定性主要体现在风险事件发生的时间的不确定以及造成后果的严重程度的不确定。不过通过对穿越既有结构施工过程进行科学的安全风险评价，可对风险发生的可能性和损失程度做出一定的分析和预测。

（4）可变性。风险并不是一成不变的，风险的可变性主要体现在风险性质的变化；风险后果的变化；出现了新的风险或风险因素已经消除。在穿越既有结构工程建设活动中，随着工程的进展、管理方式的改变、人员的作业状态、水文地质条件变化等原因，风险在各个层面都有可能发生改变。

1.1.2.2　穿越既有结构施工安全事故

所谓安全事故，是指在实践生产过程中发生的人们不期望的会导致实践生产过程终止或者使其受到干扰的，并有可能造成人员伤亡或物质损失的意外事件。我国《职业安全卫生管理体系规范》定义事故为导致损失、伤害、职业病和死亡的不希望事件。穿越既有结构安全事故的发生，往往是由一个或多个风险源出现致险因子开始，倘若对这些风险源不加以合理控制，就会导致风险的继续扩大，进而导致安全事故的发生，其发生机理如图 1-4 所示。

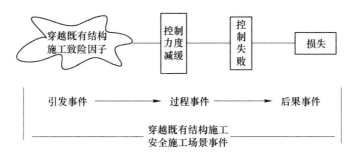

图1-4 穿越既有结构施工安全事故发生机理

图中穿越既有结构施工安全事故发生机理描述了一个由各事件序列构成的系统的状态演化过程。致险因子在施工过程中是无处不在的，它来自人员操作失误、管理缺陷或环境恶劣等各方面，可以形成引发安全事故的触发条件或者是转化条件。场景事件，也称为不希望事件，主要由引发事件、过程事件以及后果事件三部分构成。引发事件是安全事故发生过程中首个不期望事件，它的发生意味着安全事故的开始；过程事件是紧跟引发事件其后的可能发生的事件，如果控制不利或不被控制，将会引起后果事件；后果事件则是产生损失的事件，它会造成人员、经济、环境等各方面的直接损失。对于穿越既有结构施工项目而言，新建工程现场与既有结构组成的复杂环境、各类施工专项支护方案和现场多维管理等共同构成安全事故发生的前提条件，是需要重点监控管理的对象。

1.1.2.3 穿越既有结构施工安全控制

安全风险控制是根据风险评价的结果对风险事态进行事前处理及过程控制的过程，包括风险决策和风险监控两部分。风险决策是根据风险评价的结果，从风险对策集合中选定合适的对策处置风险；而风险监控是指对潜在风险事态进行监测，并适时启动有关风险控制措施的过程。风险对策通常有四类：

（1）风险规避。风险规避是通过主动放弃或终止项目计划或实施方案来消除风险发生，以及风险发生后可能产生的损失。从风险管理的角度看，风险规避是一种最彻底地消除风险影响的方法，但可能在某种程度上会降低收益，阻碍创新。在穿越既有结构施工过程中对某些既有结构的加固支护方案的安全评估，若出现可预见的安全风险过大时，可采取风险规避的形式处理。

（2）风险转移。风险转移是以一定的代价将某风险的结果连同对风险对应的权利和责任转移给他方。风险转移并不能消除风险，但通过第三方的介入降低自身风险，风险转移是风险隶属性在风险决策中的体现，对某方是风险事态，但对其他风险承受者可能并不是不可接受的。由于穿越既有结构施工的复杂性，所以在工程建设时业主方应尽可能选取技术实力和管理水平强的建设团队，来最大可能地承受相应风险，保证施工过程的安全开展。另外，保险是风险转移的一种形式。

（3）风险缓解。通过某种手段将风险降低到可接受的程度也是风险管理中常用的对策。风险缓解既不是消除风险，也不是避免风险，而是减轻风险影响，包括减轻风险发生的概率或控制风险的损失。这也是穿越既有结构施工安全控制的主要形式。

（4）风险自留。风险自留是一种由项目主体自行承担风险后果的一种风险应对策略。风险自留要求穿越既有结构工程参建方对施工安全风险损失有充分的估计。

穿越既有结构施工安全控制是指在工程建设过程中对施工安全风险进行事先规划，有效识别重大危险源，全面分析影响既有结构及施工安全的主要因素，确立安全风险评价指标，对风险损失程度及概率做出合理预测或评价，建立相应安全风险控制体系；对既有结构部分及施工全过程进行监测及预警，核对安全风险控制的策略与措施的实施效果是否与预见相同；持续改善和细化风险控制方案，优化既有结构加固及支护方案，最大程度地降低风险事故发生的概率和减少损失程度。

1.2 穿越既有结构施工类型及特点

1.2.1 穿越既有结构施工类型

在当前工程建设过程中，涌现的穿越既有结构施工种类繁多，不同的文献对此进行分类的方式也有所不同，归结起来主要可从如下几个角度进行分类：

（1）按穿越既有结构类型分类，可分为：穿越既有建筑物（含工业与民用建筑，如图1-5（a）所示）、穿越既有地上线性工程（含铁路、公路、桥梁与河道等，如图1-5（b）所示）和穿越既有地下线性工程（含地铁、管廊与地下管线等，如图1-5（c）所示）。

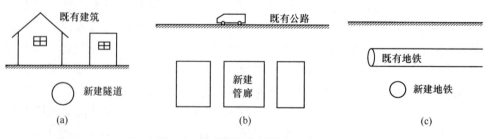

图 1-5　按穿越既有结构类型分类

（a）穿越既有建筑物；（b）穿越既有地上线性工程；（c）穿越既有地下线性工程

（2）按新建-既有结构空间相对位置分类，可分为：上部穿越（如图1-6

（a）所示）、侧面穿越（如图 1-6（b）所示）、下部穿越（如图 1-6（c）所示）。

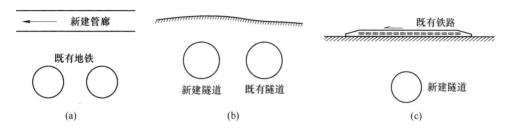

图 1-6 按穿越既有结构空间位置分类

（a）上部穿越；（b）侧面穿越；（c）下部穿越

（3）**按穿越既有结构施工方法分类**，可分为：明挖法穿越、浅埋暗挖法穿越、盾构法穿越、顶管法穿越等。

以上分类方式基本可以将目前通行的穿越既有结构施工类型包含在内，每一类施工均可用图 1-7 所示三维视角进行刻画，图中 x 坐标表示穿越既有结构类型、y 坐标表示穿越位置、z 坐标表示施工方法。如盾构法下穿既有建筑施工即为图中坐标（x_1，y_2，z_1）所代表的施工类型。

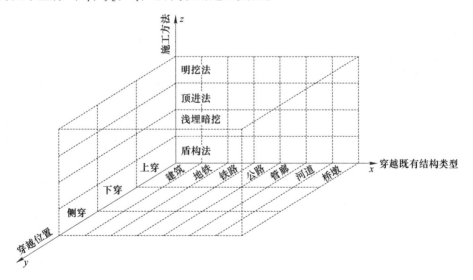

图 1-7 穿越既有结构施工分类

图 1-7 中所有的坐标组合代表的施工类型在实际工程中并不是都存在，例如坐标（x_1，y_1，z_1）代表盾构法上穿既有建筑，这种施工类型在实际工程中鲜有报道。但通过图 1-7，可以将按这种分类方式来分的所有施工类型包含在内，直观方便。

1.2.2 穿越既有结构施工特点

穿越既有结构施工所面临的环境、人员、技术等因素与传统工程项目施工差异较大，施工条件的特殊性导致其具有如下特点：

（1）受地质、水文等自然环境的影响大。如前所述，地下工程穿越既有结构施工在所有穿越施工项目中占比较大，尤其是地下线性工程，所处地质条件无论从广度和深度上波动性都很大。如一地下工程穿越既有地铁项目，工程的建设位于地铁盾构区附近，埋深深度20m左右的区域，在此深度区域的地质特点为第四纪冲积或沉积层，或为全、强风化岩层，地层多松散无胶结，存在丰富的上层滞水或潜水层，对施工的开展极为不利，使得施工安全控制更为复杂。

（2）对既有结构正常使用的影响大。穿越既有结构施工常见于城市中心区域，上临城市主要交通干道，下临城市地铁沿线，周边建筑物集中，各种管线布设复杂。施工活动会影响周边土体的稳定性，引起地表沉降变形，导致既有地铁隧道产生结构性破坏，既有建筑产生不均匀沉降、结构开裂变形等。因此，施工过程中对周围既有结构及环境加固支护是穿越既有结构施工安全控制的核心内容。

（3）施工受既有结构制约程度高。城市中的既有管网设施、地铁网络、建筑物深基础给穿越既有结构工程的施工带来诸多问题。为了保证既有结构的安全稳定，新建工程在施工方法的选择上受到很大的限制；或是需要增加额外的支护体系，加大施工的复杂性；另外，为了保证既有结构正常使用或运营不受影响，施工设施的布置在空间上受到较大制约，增大了穿越既有结构施工安全风险。

（4）施工管理难度高。穿越既有结构施工中，由于既有结构安全运营的限制，留给施工的窗口期很短，导致施工作业不能连续进行，正常作业受到严重影响。而且建设方的管理体系与既有结构运营方的管理体系有很大差别，工程建设方为了保证工程施工的顺利进行需要与运营方保持全天候的沟通协调，加大建设方管理难度和成本。例如某工程采用浅埋暗挖法施工穿越既有铁路，为减少对铁路运输的影响，通过与当地铁路运营部门的协调，将施工期安排在运营较少的时间段，而且要求施工做到安全、快速、质量可靠，这对建设方的全方位综合管理能力要求很高。

（5）施工安全控制要求高。我国目前关于穿越既有结构施工的相关理论尚不完善，施工过程中缺乏系统科学的安全风险控制理论与安全信息管理方法，目前施工安全风险控制方式仍旧依照传统工程项目实施模式，更多的是依靠项目安全管理人员以往工作经验对项目施工进行安全风险控制。这种主观判断模式很难保证安全风险判断的准确性，因此给穿越既有结构施工安全带来更多的不确定因素，加大了施工难度。

1.3 穿越既有结构施工安全问题

穿越既有结构施工安全有别于一般施工项目，建设管理人员既要考虑新建工程自身施工中的安全问题，又要考虑既有结构安全稳定的问题，二者相互作用，不能只谈其一，而应做多维度的考量。

1.3.1 新建工程施工安全问题

新建工程穿越既有结构施工的方法很多，对于最常见的穿越既有地铁、公路、管线而言，施工方法就有盾构法、浅埋暗挖法、顶进法、明挖法等，不同的施工方案、地质水文环境、管理水平等带来的施工安全问题不尽相同。归结起来主要有以下几方面内容：

（1）水文地质。穿越既有结构施工项目一般为地下施工，施工底面标高较低，若所在地域地下水位埋深浅或施工时遭遇接连的阴雨天气时，施工容易受到地下水的影响，如果降水达不到要求或者支护不及时，容易因渗漏水造成基坑坍塌事故。

（2）工程地质。在施工前，地质勘查若对较大坚硬孤石、部分洞穴等情况未勘察明确，施工时，容易导致施工机械受损（例如盾构机刀片受损）甚至施工作业面塌陷，造成不必要的经济损失甚至人员伤亡。

（3）外部荷载。施工时，施工隧洞上部荷载的堆载、载重汽车碾压、施工机械长期停放等对施工安全会造成很大的风险，特别是当有水作用于土体时，土体强度降低，易导致基坑坍塌或者隧洞严重变形。

（4）支护体系。基坑开挖或者隧洞开挖时，若支护体系支护不及时容易造成基坑或者隧洞坍塌，掩埋施工机械，对施工人员生命安全造成威胁，另外，支护体系的过早拆除也会导致同样的问题，由于施工空间狭小，一旦发生这种突然的坍塌事故，施工人员完全没有时间撤离。

（5）施工火灾。穿越既有结构施工现场一旦发生火灾，其火灾蔓延快、人员疏散困难并且扑救困难，另外，由于穿越既有结构施工现场空间狭小、临时线路多、消防设备和设施不完善、缺乏消防水源和通道等，导致火灾的援救更加困难。穿越既有结构工程火灾存在这些特点主要是因为其相对于其他工程来说，不确定因素更多、变化更快，因此这类工程的火灾安全风险尤为突出。

（6）施工用电。一般情况下，穿越既有结构施工现场空间相较于其他类型的施工现场更加狭窄，并且多数情况位于地下，这就导致施工用电线路的安排更加困难，加上一些施工场所潮湿，安全电压更低，造成穿越既有结构施工用电安全风险高的特点。

（7）施工管理。和很多工程一样，施工管理对于一个工程的施工安全非常重要，很多工程事故都是因为管理不善导致的。就穿越既有结构施工来说，由于其施工更加困难、现场空间更加小、施工精度要求更高，使得施工管理对于一个穿越既有结构工程施工安全来说更加重要。

新建工程穿越既有结构施工中，除以上几方面所探讨的问题外，还有其他一些安全问题（如图 1-8 所示）此处就不再一一列举。

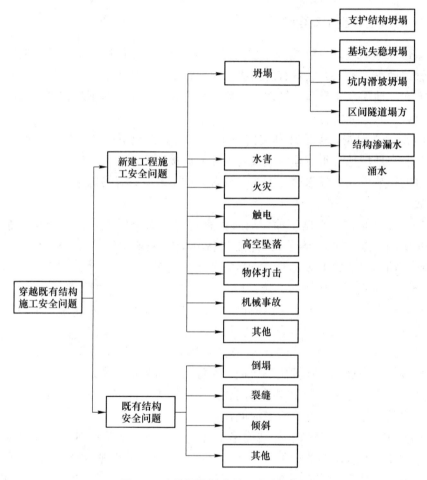

图 1-8 穿越既有结构施工安全问题

1.3.2 既有结构安全问题

穿越既有结构施工不仅要保证新建工程自身的安全和质量，还要求对周围结构的影响降到最小。通常情况下，穿越既有结构施工时，对既有结构来说，比较突出的安全问题有以下几点（如图 1-8 所示）：

（1）既有结构局部破坏或倒塌。在穿越既有结构施工时，后果最为严重、最不可接受的安全事故就是既有结构发生坍塌，其带来的后果将是毁灭性的，对既有结构使用人员和施工现场人员生命会产生很大威胁，既有结构也将发生不可修复的破坏。通常这是由于在下穿既有隧道时，支护结构的强度、刚度或稳定性不满足要求，或者是支护时间不及时或支护体系拆除过早导致的。另外，上穿既有结构时，也会发生既有结构破坏的事故，这种情况往往是施工时，既有结构上部荷载发生巨大变化，引起既有结构受力不均导致的破坏。在穿越既有结构施工时，首先要避免的就是既有结构倒塌或破坏。

（2）既有结构产生裂缝。穿越既有结构施工，特别是下穿既有房屋、车站等建（构）筑物时，由于对既有结构地基土的扰动，加上修建地下隧道后地基土的应力重分布，很容易导致地基沉降，如果地基沉降不均匀，沉降大的部位与沉降小的部位发生相对位移，在既有结构中产生剪力和拉力，当这种附加内力超过既有结构本身的抗拉抗剪强度时，就会产生裂缝，且这些裂缝会随地基的不均匀沉降的增大而增大。这种裂缝一般成斜裂缝，且裂缝走向凹陷处。这种裂缝在建筑物下部比较明显，由下向上发展，呈"八"字、倒"八"字、水平、竖缝等。当长条形建筑物中部沉降过大，则在房屋两端由下往上呈"八"字形裂缝，且首先在窗角上突破；反之，当两端沉降过大时，则形成两端由下往上倒"八"字形裂缝，也首先在窗角上突破，也可在底层中部窗台处突破形成由上至下竖缝；当某一端下沉过大时，则在某端形成沉降端高的斜裂缝；当纵横墙交点处沉降过大，则在窗台下角形成上宽下窄的竖缝，有时还有沿窗台下角的水平缝；当纵横墙凹凸设计时，由于一侧的不均匀沉降，还可导致产生水平推力而形成力偶，从而导致交接处的竖缝。

当上穿既有结构施工时，由于既有结构上部会因施工而使荷载增加，并且伴随着动荷载的产生，若既有结构的承载力不足或存在较大问题，则会因为荷载的增大而导致既有结构产生结构性裂缝。

（3）既有结构发生倾斜。穿越既有结构施工时，另一个重要的安全问题就是既有结构的倾斜，既有结构发生倾斜后其带来的安全问题将会非常显著，倾斜后既有结构的重心发生转移，内力发生重分布，不仅导致其稳定性不足，既有结构内部构件的安全度和耐久性也将会降低。

既有结构发生倾斜往往是由于地基的不均匀沉降引起，而正如既有结构裂缝产生的分析，穿越既有结构假若施工不满足要求则会导致地基的不均匀沉降。因此，既有结构的倾斜问题在穿越工程施工时应该受到高度重视。

（4）影响既有结构适用性或耐久性的其他问题。穿越既有结构施工时，也会产生一些影响既有结构适用性或耐久性的应力重分布、既有结构地基基础局部损伤。对于这种情况，施工时往往短时间内看不出来既有结构的变化，但随着时间的推移会逐渐显现出来，导致既有结构的不适用等问题发生。

2 穿越既有结构施工影响机理

2.1 明挖法穿越既有结构施工

2.1.1 明挖法穿越既有结构施工关键技术

明挖法施工通常有顺作法与逆作法两种方式。顺作法施工的基本流程为先施工周边围护结构,然后由上而下开挖土方并设置支撑,挖至坑底后,再由下而上施工主体结构,并按一定顺序拆除支撑的过程。顺作法施工的关键工序为土石方开挖、围护结构施工、支撑体系施作、基坑降水、主体结构施工、管线恢复及覆土等。其中基坑支护是确保安全施工的关键技术,主要有放坡开挖、型钢支护、地下连续墙支护、混凝土灌注桩支护、桩锚支护等。逆作法是先沿建筑物地下室轴线或周围施工地下连续墙或其他支护结构作为基坑围护,同时在建筑物内部有关位置浇筑或打下中间支承桩和柱,作为施工期间与底板封底之前承受上部结构自重和施工荷载的支撑;然后施工地面一层的梁板楼面结构,作为地下连续墙的横向支撑体系,随后逐层向下开挖土方和浇筑各层地下结构,直至底板封底。

明挖法施工与浅埋暗挖法、盾构法、顶管法相比,具有机械化施工、进度快、造价低、风险小的优点。其施工关键工序一般包括以下几方面。

2.1.1.1 土方开挖

土方开挖应"分层、分段、分块"开挖。分层开挖是指土方开挖需要根据施工组织设计中的支撑设置情况进行分层,每层均开挖至支撑底面标高以下0.5m。分段开挖是指在分层开挖之后再沿车站的纵向,以若干个支撑的范围为一段,逐段进行土方开挖工作。分块开挖是指每层每段内的土方应采用分块开挖的方式进行,可以先挖两侧部分再挖中间部分。同一层内开挖时,常用的做法有两种:一种是沿基坑的纵向,由一端向另一端开挖;另一种是从两端向中间开挖。

基坑土方开挖遵守"先撑后挖、限时支撑、严禁超挖"的原则。先撑后挖是指土方开挖过程中,支撑的架设应及时,先支撑完成才可以进行下一层土方的开挖。限时支撑是指施工中要把握好土方开挖的时间和土方开挖后支撑架设完成的时间,不应拖延。严禁超挖是指土方开挖过程中要严格控制单次的土方开挖量,土方开挖至接近基底200mm时,应采用人工开挖的方式。

2.1.1.2 基坑支护

基坑支护是为保证地下结构施工及基坑周边环境的安全，对基坑侧壁及周边环境采用的支挡、加固与保护措施，在地下建筑工程施工中占据十分重要的地位。城市基坑工程中常用的基坑支护有钢板桩、混凝土桩、地下连续墙等支护形式，支撑类型分为内支撑与锚拉两种形式。内支撑包括钢支撑、混凝土支撑、钢支撑和混凝土支撑组合以及支撑立柱。每种支护结构都有其自身特点和适用范围，部分常用支护结构的优缺点总结见表2-1。

表2-1 基坑支护类型及优缺点

结构类型		优点	缺点	适用范围
放坡开挖		施工难度小、造价低	土方工程量较大，对当地环境产生不利影响	土质较好、深度较浅、周边无重要建筑物的工程
土钉墙支护结构		稳定可靠、施工简便且工期短、效果较好、经济性好	土质不好地区，滑动面内有建筑物、地下管线时不宜采用	主要用于土质较好地区
支挡式结构	锚拉式结构	自身结构简单、整体刚度大，对基坑内部施工影响较小	对场地环境与地下空间要求较高	适用于较深的基坑
	支撑式结构	刚度大、变形小、安全可靠性强	现浇钢筋混凝土施工工期长，拆除困难，而钢支撑施工工艺要求高	适用于较深的基坑
	支护结构与主体结构结合（逆作法）	稳定可靠、工期短	施工比较复杂	适用于基坑周边环境条件复杂的深基坑

2.1.1.3 支撑体系施作

支撑架设的施工流程包括土方找平、测量定位、围檩安装、支撑安装、施加预应力、拆千斤顶等工序。其中的控制要点包括围檩安装、支撑安装、施加预应力。

（1）围檩安装。钢支撑一般选用钢管，作用在地下连续墙的预埋钢板中。钢围檩分节逐段吊装，人工配合吊机将钢围檩安放于钢牛腿上，钢围檩上部采用拉筋将其与围护桩拉结，防止围檩侧翻坠落。

钢围檩之间连接钢板应焊接牢固，焊接完后应检查有无漏焊虚焊现象，钢围檩安装支撑安装完成后应检查钢牛腿是否因撞击而松动，围檩背后空隙需用高标号混凝土填充密实，以便围檩均匀受力。

（2）钢支撑安装。钢牛腿、钢围檩安装完成后，先用吊车将各规格钢支撑配节吊至基坑一侧拼装场地进行组装，组装完成后用吊车将拼装好的钢支撑吊装至支撑设计位置钢围檩上。安装时，腰梁、端头千斤顶各轴线要在同一平面上，为确保平直，横撑上法兰盘螺栓应采用对角和等分顺序拧紧，纵向钢腰梁就位时，放置要缓慢，不得碰撞冲击。

（3）施加预应力。固定支撑后，应按照设计要求施加预应力。两台千斤顶对称、平行的安置后同步对称的施加预应力。当预加的轴力达到设计值后，焊紧钢楔块，拆下千斤顶。预应力应匀速并逐级增加。

2.1.1.4 基坑降水

基坑降水的目的是为了降低土体的含水率，提高土体的抗剪强度及稳定性，以防止土体在开挖中发生滑坡破坏。基坑降排水包括集水明排和井点降水。明沟排水是指在基坑内设置排水明沟或渗渠和集水井，然后用水泵将水抽出基坑外的降水方法。井点降水是人工降低地下水位的方法，包括单层轻型井点、多层轻型井点、喷射井点、电渗井点、管井井点、深井井点、无砂混凝土管井点以及小沉井井点等。井点降水方法可根据土的渗透系数、土质类型、降低水位深度及设备选用。常用的是轻型井点降水，几种降水方法的适用范围见表2-2。

表2-2 各种降水方法的适用范围

适用条件 降水井类型	渗透系数 /cm·s^{-1}	土质类型	可降低水位深度 /m
集水明排	$0.7×10^{-7}~2×10^{-4}$	粉土、黏质土、砂土	<5
轻型井点	$1×10^{-7}~2×10^{-4}$	粉质黏土、砂质粉土、粉细砂	<6
喷射井点	$1×10^{-7}~2×10^{-4}$	粉质黏土、砂质粉土、粉细砂	8~20
电渗井点	$<1×10^{-7}$	黏土、淤泥质黏土、粉质黏土	根据选定的井点确定
管井	$>1×10^{-4}$	粉质黏土、砂质粉土、各类砂土、砂砾、卵石	>10
砂（砾）渗井	$>5×10^{-7}$	粉质黏土、粉土、粉细砂	根据下伏导水层的性质及埋深确定

2.1.2 明挖法穿越既有结构施工影响机理

在既有结构上部施工时，土体的开挖导致地层初始应力场发生变化，随着新建工程的开挖，既有结构周围土体失去了原有的支撑力使其力学平衡被打破，此效应在周围土层中扩散即产生地层扰动。既有结构与新建工程之间的土体称为夹层土体，地层的扰动通过夹层土体传递到既有结构，进而影响既有结构的受力和变形。新建工程上部穿越既有结构是一个卸载再加载的过程，总的来说，其受力形态是一个卸荷的过程。

上穿既有结构的力学作用过程分三部分：第一步，新建工程开挖前，上覆土体的自重荷载与下层地基的反作用使得既有结构受力平衡，周围土层趋于稳定状态，如图 2-1 所示；第二步，新建工程开挖后，上部土层因覆土荷载的转移在一定范围内形成开挖卸荷区，因此既有结构的受力平衡被打破，进而受到向上的附加卸荷力，如图 2-2 和图 2-3 所示；第三步，在既有结构受到向上的附加卸荷力后，既有结构将发生上浮现象，如图 2-4 所示。

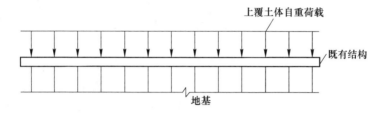

图 2-1 上部新建工程开挖前既有结构受力示意图

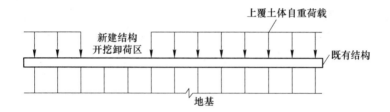

图 2-2 新建工程开挖时既有结构卸荷区形成示意图

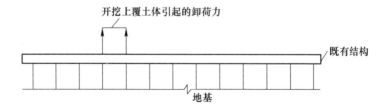

图 2-3 新建工程开挖卸荷后既有结构受力示意图

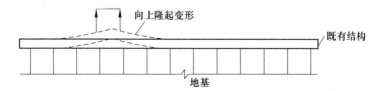

图 2-4 既有结构在卸荷力作用下纵向隆起变形示意图

常见的上穿既有结构采用明挖法和浅埋暗挖法。对于上穿既有结构施工，浅埋暗挖法、盾构法、顶管法与明挖法上穿施工对既有结构影响机理相似，本书不再说明。

2.2　盾构法穿越既有结构施工

2.2.1　盾构法穿越既有结构施工关键技术

盾构法施工是以盾构机为隧道掘进设备，以盾构机的盾壳作为支护，用前端刀盘切削土体，由千斤顶顶推盾构机前进，以开挖面上拼装预制好的管片作衬砌，从而形成隧道的施工方法。

盾构法的基本原理是利用盾构沿隧道设计轴线开挖土体并向前推进，盾构主要起防护开挖出的土体、保证作业人员和机械设备安全的作用，并承受来自地层的压力，防止地下水或流砂的入侵。盾构的前端设置有支撑和开挖土体的装置，内部安装有推进所需的千斤顶，而尾部设有拼装预制管片衬砌的机械手。盾构推进的动力由其内部的千斤顶提供，反力则由衬砌环承担，盾构每推进一环距离，就在盾尾保护下拼装一环管片衬砌，并及时向管片衬砌背后与围岩间的缝隙（盾尾空隙）中注入浆液，以防止因地层塌落而引起的地面下沉。盾构法是暗挖法施工中的一种全机械化施工方法。由于具有机械化程度高、对地层扰动小、掘进速度快、地层适应性强、对周围环境影响小等特点，逐渐成为地铁隧道建设的主要施工方法。

盾构机主要由 5 部分组成：壳体、推土系统、排土系统、管片拼装系统和辅助注浆系统。盾构机的壳体由切口环、支撑环和盾尾 3 部分组成，并与外壳钢板连成一体；排土系统主要由切削土体的刀盘、泥土仓、螺旋出土器、皮带传送机、泥浆运输电瓶车等部分组成。盾构法施工原理如图 2-5 所示。

盾构法的施工关键工序为：盾构始发、管片拼装、壁后注浆、盾构到达。

2.2.1.1　盾构始发

盾构始发是指利用反力架和负环管片，将始发基座上的盾构，由始发工作井推入的一系列作业。盾构始发顺序为洞口地层处理—洞口始发准备—始发架定位、固定—盾构主机定位、固定—主机、后配套连接—盾构调试—反力架定位、固定—负环管片安装—盾构推进—管片拼装循环—拆除反力架、负环管片—始发掘进总结—正式掘进。

始发施工技术包括洞口端头处理（在软土无自稳能力的地层中）、洞门混凝土凿除（主要针对钢筋混凝土围护结构）、盾构始发基座的设计加工与定位安装、始发用反力架的设计加工与就位、支撑系统、洞门环的安设，盾构组装、盾构始发方案、其他保证盾构推进使用设备、人员、技术准备等，直到始发推进。

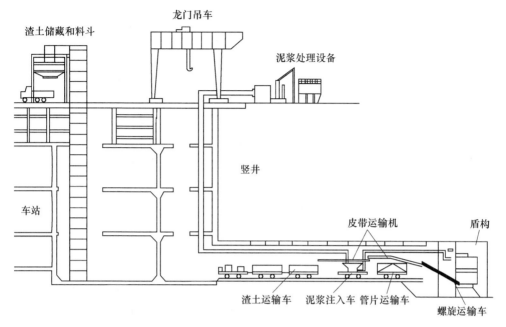

图 2-5 盾构法施工原理图

本节仅介绍其中几个技术内容。

A 始发洞口的地层处理

在盾构始发之前,一般要根据洞口地层的稳定情况评价地层,并采取有针对性的处理措施。地层处理一般采取如"固结灌浆""冷冻法""插板法"等措施进行地层加固处理。选择加固措施的基本条件为加固后的地层要具备最少一周的侧向自稳能力,且不能有地下水的损失。常用的具体处理方法有搅拌桩、旋喷桩、注浆法以及 SMW 工法、冷冻法等。

B 始发洞口维护结构的凿除

洞门混凝土凿除前,端头加固的土体须达到设计所要求的强度、渗透性、自立性等技术指标后,方可开始洞口凿除工作。根据经验,一般在始发前至少一个月开始洞口维护结构的凿除。整个施工一般分两次进行,第一次先将围护结构主体凿除,只保留维护结构的钢筋保护层,在盾构始发前将保护层混凝土凿除。在凿除完最后一层混凝土之后,要及时检查始发洞口的净空尺寸,确保没有钢筋、混凝土侵入设计轮廓范围之内。

C 洞口密封

洞口密封是为盾构在始发时防止背衬注浆砂浆外泄所用,按种类分有压板式和折叶式两种,其中折叶式越来越为人们所认可。洞口密封的施工分两步进行:第一步是在车站结构的施工工程中,做好始发洞门预埋件的埋设工作(要特别注意的是，在埋设过程中预埋件必须与车站结构钢筋连接在一起）；第二步是在盾构正式始发之前，应先清理完洞口的渣土，完成洞口密封的安装。

D 反力架、负环钢管片位置的确定

（1）盾构基座的安装。在洞门凿除完成之后，依据隧道设计轴线定出盾构始发姿态的空间位置，然后反推出盾构基座的空间位置，并对盾构基座进行加固。盾构基座的安装高程可根据端头地质情况适当抬高 1~2cm。

（2）负环管片环数的确定。假定盾构长度 LTBM = 8.3m，安装井长度 LAS = 12m（因不同的始发井尺寸而不同），洞口维护结构在完成第一次凿除后的里程 DF，设计第一环管片起始里程 DIS，管片环宽 WS = 1.2m，反力架与负环钢管片长 WR = 1.5m（自行设计加工的尺寸），DR 为反力架端部里程，N 为负环管片环数。

（3）在安装井内始发时，最少负环管片环数为：

$$N = (DIS - DF + 8.3)/WS$$

（4）反力架、负环管片位置的确定。反力架、负环管片位置主要依据洞口第一环管片的起始位置、盾构的长度以及盾构刀盘在始发前所能到达的最远位置确定。

（5）反力架、始发台的定位与安装。由于反力架和始发台为盾构始发时提供初始的推力以及初始的空间姿态，在安装反力架和始发台时，反力架左右偏差控制在±5mm 之内，高程偏差控制在±5mm 之内，上下偏差控制在±10mm 之内。始发台水平轴线的垂直方向与反力架的夹角<±2‰，盾构姿态与设计轴线竖直趋势偏差<2‰，水平趋势偏差<±3‰。在做车站结构时做好钢板的预埋工作。

E 盾构的始发

（1）空载推进。盾构在空载向前推进时，主要控制盾构的推进油缸行程和限制盾构每一环的推进量。要在盾构向前推进的同时，检查盾构是否与盾构基座、始发洞发生干涉或是否有其他异常事件或事故的发生，确保盾构安全地向前推进。

（2）始发时盾构姿态的控制。主要通过盾构的推油缸行程来控制姿态。

（3）始发时盾构推进参数的控制。在保证盾构正常推进的情况下，稍微降低总推力和刀盘扭矩。

F 负环管片的拼装

（1）负环管片拼装准备。在安装负环管片之前，为保证负环管片不破坏尾盾刷，保证负环管片在拼装好以后能顺利向后推进，在盾壳内安设厚度不小于盾尾间隙的方木（或型钢），使管片在盾壳内的位置得到保证。

（2）负环管片后移。第一环负环管片拼装完成后，用 6 个推进油缸完成管片的后移。管片在后移的过程中，要严格控制每组推进油缸的行程，保证每组推进油缸的行程差小于 10mm。

（3）负环管片与负环钢管片的连接。负环管片的最终位置要以推进油缸的行程进行控制，负环管片与负环钢管片之间的空隙用早强砂浆或钢板填满。

（4）负环管片的拼装类型。安装井内的负环管片通常采取通缝拼装，主要是因为盾构井一般只有一个，在施工过程中要利用此井进行出渣、进管片。采用通缝拼装可以保证能及时、快速地拆除负环管片。在确定始发最少负环管片环数后，即可直接定出反力架及负环管片的位置。反力架端部里程：$D = D_{ng} - N_x W$。反力架、盾构基座的定位与安装在盾构主机与后配套连接之前，开始进行反力架的安装。安装时，反力架与车站结构连接部位的间隙要垫实，以保证反力架脚板有足够的抗压强度。

（5）反力架、负环管片的拆除。反力架、负环管片的拆除时间根据背衬注浆的砂浆性能参数和盾构的始发掘进推力确定。一般情况下，掘进 100m 以上（同时前 50 环完成掘进 7d 以上），可以根据工序情况和工作整体安排，开始进行反力架、负环管片拆除。

2.2.1.2 管片的拼装

A 拼装顺序

管片的分块要顾及管片制作、运输、拼装等方面的施工要素，同时考虑管片的受力条件及防水效果。管片分块数过少，衬砌结构整体刚度很大，不利于有效地调动土层的被动抗力；单块管片过大、过长会引起施工的不便，并不易保证管片的质量；管片分块数过多，则会影响管片的拼装速度，并使接缝防水工作量增加。管片一般由标准块、邻接块及封顶块组成。拼装时，由下部开始，对称安装标准块和邻接块，最后装封顶块。封顶块拼装方便，施工时可先搭接 2/3 环宽径向推上，再进行纵向插入（与施工设计有关，一种沿隧道半径方向呈锥角从隧道内侧插入；一种纵向带锥度，沿隧道纵轴插入。还有一种是将前述两种方法结合起来实施）。

B 拼装工艺

（1）管片在做防水处理前必须对管道进行清理，然后再进行密封垫的粘贴。

（2）安装过程中彻底清除盾壳安装部位的垃圾，同时必须注意管片的精度定位，尤其第一环要做到居中安放。

（3）安装时千斤顶交替收回，即安装哪段管片就收回那段相对应的千斤顶，其余千斤顶仍顶紧。

（4）管片安装过程中把握好管片环面的平整度、超前量以及真圆度。

（5）边拼装管片边扭紧纵、环向连接螺栓，待整环管片安装完毕，撑开真圆保持器固定。

（6）在整环管片脱出盾尾后，再次按规定扭矩扭紧全部连接螺栓。

C　特殊地段的管片拼装

（1）曲线段管片安装。选用将标准管片和楔形管片进行排列组合，以拟合不同半径曲线的办法。施工中必须注意标准管片和楔形管片的衔接，拼装工艺与标准管片相同。

（2）区间内联络通道位置处管片的安装。区间隧道的联络通道与正线隧道相接处采用两环钢管片，以通缝形式拼装。此时管片仍封闭的，并在洞门周边设置一圈封闭钢梁，构成一坚固的封闭框架，在联络通道施工前，先将填充管片拆除，将洞口荷载完全传到框架上，再向里施工。安装管片时，由于管片分块多，因而必须注意标准管片和楔形管片的衔接，拼装工艺与标准管片相同。

2.2.1.3　壁后注浆

管片壁后注浆按与盾构推进的时间和注浆目的不同，可分为同步注浆和堵水注浆。

（1）同步注浆。注浆与盾构掘进同时进行，是通过同步注浆系统及盾尾的注浆管，在盾构向前推进，盾尾空隙形成的同时进行，浆液在盾尾空隙形成的瞬间及时起到充填作用，使周围岩体获得及时的支撑，可有效防止岩体的坍塌，控制地表的沉降。

（2）堵水注浆。为提高背衬注浆层的防水性及密实度，在富水地区考虑前期注浆受地下水影响以及浆液固结率的影响，必要时在二次注浆结束后进行堵水注浆。

盾构推进时，盾尾空隙在围岩坍落前及时地进行压浆，充填空隙，稳定地层，不但可防止地面沉降，而且有利于隧道衬砌的防水，选择合适的浆液（初始黏度低，微膨胀，后期强度高）、注浆参数、注浆工艺，在管片外围形成稳定的固结层，将管片包围起来，形成一个保护圈，防止地下水侵入隧道。

2.2.1.4　盾构到达

（1）盾构到达前，应做好以下工作：

1）制订盾构接收方案，包括到达掘进、管片拼装、壁后注浆、洞门外土体加固、洞门围护拆除、洞门钢圈密封等工作的安排。

2）对盾构接收井进行验收并做好接收盾构的准备工作。

3）盾构到达前100m和50m时，必须对盾构轴线进行测量、调整。

4）盾构切口离到达接收井距离约10m时，必须控制盾构推进速度、开挖面压力、排土量，以减少洞门地表变形。

5）盾构接收时应按预定的拆除方法与步骤，拆除洞门。

6）当盾构全部进入接收井内基座上后，应及时做好管片与洞门间隙的密封，做好洞门堵水工作。

（2）接收基座的安装与定位。接收基座的构造同始发基座，接收基座在准确测量定位后安装。其中心轴线应与盾构进接收井的轴线一致，同时还要兼顾隧道设计轴线。接收基座的轨面标高应适应盾构姿态，为保证盾构刀盘贯通后拼装管片有足够的反力，可考虑将接收基座的轨面坡度适当加大。接收基座定位放置后，采用125的工字钢对接收基座前方和两侧进行加固，防止盾构推上接收基座的过程中接收基座移位。在接收基座安装固定后，盾构可慢速推上接收基座。在通过洞门临时密封装置时，为防止盾构刀盘和刀具损坏帘布橡胶板，在刀盘外圈和刀具上涂抹黄油。盾构在接收基座上推进时，每向前推进2环拉紧洞门临时密封装置一次，通过同步注浆系统注入速凝浆液填充管片外环形间隙，保证管片姿态正确。

（3）到达段掘进。根据到达段的地质情况确定掘进参数：低速度、小推力、合理的土压力（或泥水压力）和及时饱满地回填注浆。在最后10~15环管片拼装中要及时用纵向拉杆将管片连接成整体，以免在推力很小或者没有推力时管片之间出现松动。

（4）洞门圈封堵。在最后一环管片拼装完成后，拉紧洞门临时密封装置，使帘布橡胶板与管片外弧面密贴，通过管片注浆孔对洞门圈进行注浆填充。注浆的过程中要密切关注洞门的情况，一旦发现有漏浆的现象应立即停止注浆并进行封堵处理。确保洞门注浆密实，洞门圈封堵严密。

2.2.2 盾构法穿越既有结构施工影响机理

2.2.2.1 盾构法施工引起地层变形的原因

盾构法施工会使土体产生摩擦和剪切、挤压和松动、加载和卸载等作用，强度和弹性模量等特性会随之变化，同时使得地层的原始应力状态也发生改变，原始的土体三维平衡状态将遭到破坏，引发地层的移动和变形，进而影响既有结构。盾构法施工引起地层变形的原因主要有两方面：一是地层损失，二是受扰动土体的再固结。

A　地层损失引起的地层变形

盾构法施工对既有结构的影响如图 2-6 所示，地层损失引起地层变形的原因主要有以下几方面：

（1）正面附加推力引起土体受挤。为保证盾构掘削土体施工过程中隧道开挖面的稳定，由此产生了正面附加推力，当正面附加推力与掘进掌子面自身应力大致相等时处于平衡状态，盾构推进对开挖面几乎没有影响，当正面附加推力大于掘进掌子面自身应

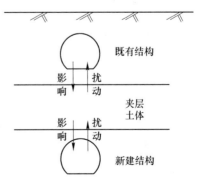

图 2-6　盾构法对既有结构
影响机理示意图

力时,就会产生"挤土效应",掘进掌子面受到挤压作用,掘进面前方土体会产生向上的位移并向上隆起。当正面附加推力小于掘进掌子面自身应力时,掘进掌子面就会产生应力释放,此时会产生地层损失,掘进面前方土体会产生向下的位移并发生沉降。

(2) 土体挤入盾尾空隙。盾构法施工是沿着盾构掘进机的外壳进行开挖的,而作为衬砌的管片则是在盾尾组装起来的,由于盾壳直径稍微比衬砌管片直径大一点,所以当盾构掘进机推进时,盾尾衬砌管片和围岩土体存在有较小的空隙,即盾尾空隙。尤其是在黏土中进行盾构推进时,盾构外围粘附一层黏土会产生大量的盾尾空隙,这时周围土体将会有向盾尾空隙移动的趋势,导致盾尾空隙尤其明显,因而导致地层损失,产生地层沉降。为有效防止或减小因盾尾空隙引起的地层沉降,应及时合理注浆并保证注浆压力。

(3) 盾构的推进。因盾构机与周围土体的接触面积很大,在推进或者移动过程中会产生较大的摩擦力和剪切作用力,进而造成一定程度的地层损失。

(4) 管片变形与沉降。管片的及时施作为盾构机推进提供了支撑力,并保证了围岩的稳定性。但当衬砌管片发生轻微变形或者直接发生沉降时,会不可避免地造成地层损失。

B　受扰动土体的再固结

盾构在掘进过程中,对周围土体产生扰动,导致周围土体孔隙水压力增大,形成超孔隙水压区,孔隙水压力会随着时间慢慢消散,在此过程中,土体发生排水固结,地层下移,这种造成地表沉降称为主固结沉降,另外,土体受到盾构机的挤压和松动、加载和卸载之后,会很长一段时间内产生压缩变形导致地表沉降,这种称为次固结沉降,在孔隙比和灵敏度较大的软塑和流塑性土层中,次固结沉降往往要持续几年以上,所占总沉降量的比例相对较高。

2.2.2.2　地表沉降的发展过程

在盾构掘进施工过程中,盾构掘进方向的地层变形与盾构掘进面位置密切相关,地层变形随盾构掘进面接近、到达、通过、远离逐渐发展,最终达到稳定状态。

根据地层变形发展特点和影响因素的不同,可将盾构隧道下穿施工影响下地层变形的发展过程分为五个阶段:

第 1 阶段:初期沉降(盾构掘进面接近)。初期沉降是指盾构掘进面距观测点约 10m 时开始,地层受到盾构掘进面顶推力挤压,在盾构开挖面前方观测点处就已经产生了地面沉降,这主要是由于孔隙水压力降低,导致地层有效应力增大,地层土体产生压缩和固结沉降。

第 2 阶段:掘进面前的变形(盾构掘进面到达)。掘进面前的沉降是在掘进面距观测点约几米时起至盾构掘进面到达观测点正下方之前,当盾构掘进压力小于地层侧压力时，开挖面会产生主动土压力，土体就会向盾构内进行移动发生沉降，相反，当盾构掘进压力大于地层侧压力时，开挖面产生被动土压力，土体会发生隆起。

第 3 阶段：推进沉降（盾构掘进面通过）。盾构通过时沉降是指在掘进面到达观测点正下方开始至盾尾通过观测点阶段，这一阶段产生的地层沉降主要是由于盾构掘进时的不断调整和盾壳与地层之间的摩擦力对土体产生了扰动，实际施工中，盾构开挖会偏离设计中轴线，盾构对土体的压缩和松弛会导致地层沉降。

第 4 阶段：盾尾脱空沉降（盾构掘进面远离）。盾尾脱空沉降是指盾尾通过观测点正下方之后产生的沉降，这一阶段的沉降主要是因为盾尾脱空后管片与土体间存在孔隙，注浆不及时或注浆不合理会造成盾尾孔隙沉降，另外，注浆凝固后管片会因受到围岩及地下水的荷载作用而产生变形，最终导致地层沉降。

第 5 阶段：后续沉降（长期沉降）。指盾构隧道施工结束后隧道围岩的固结和蠕变残余变形沉降，盾构施工扰动导致地层孔隙水压力上升，随着水压力的消散，地层发生固结沉降；待固结沉降稳定后，土体骨架会发生蠕动，产生次固结沉降。土体的后续沉降是一个漫长的过程。

2.3　浅埋暗挖法穿越既有结构施工

2.3.1　浅埋暗挖法穿越既有结构施工关键技术

浅埋暗挖法沿用新奥法的基本原理，初次衬砌承担全部基本荷载设计，二次模筑衬砌作为安全储备；初次支护和二次衬砌共同承担特殊荷载。我国目前结合隧道工程水文地质特点及施工特点，创造了小导管超前支护技术、8 字形网构钢拱架设计与制造技术、正台阶环形开挖留核心土施工技术以及变位进行反分析计算的方法，并提出了"管超前、严注浆、短进尺、强支护、早封闭、勤量测" 18 字方针。

浅埋暗挖法施工的主要步骤为：施工准备—超前小导管布设—注浆—土方开挖—格栅架立—钢筋网片、连接筋—喷射混凝土—防水施工—二次衬砌。

依据工程地质、水文环境、工程规模、埋深及工期，常用的施工工法有以下几种：

（1）正台阶法。该法又称上下两步台阶法，适用于土质条件较好的单线隧道。一般上半断面采用人工开挖的方法，用车辆把渣土运出，下半断面采用机械开挖的方法，用车辆把渣土运出。施工步骤为：拱部超前支护、上台阶导坑开挖支护、下台阶导坑开挖支护、开挖底板初期支护封闭，如图 2-7 所示。

（2）正台阶环形开挖法。正台阶环形开挖法适用于土质条件较差的单线隧道。上台阶开挖后要进行及时支护，当地质情况和隧道开挖长度不同时，台阶的长度也不同。地质条件越好，开挖的台阶长度越长。当断面太大时，可以分多个台阶开挖，但要注意控制台阶长度。施工步骤为：拱部超前支护、上部弧形导坑开挖支护、左右侧中台阶错位开挖支护、核心土开挖、下台阶导坑开挖支护、初期支护封闭，如图2-8所示。

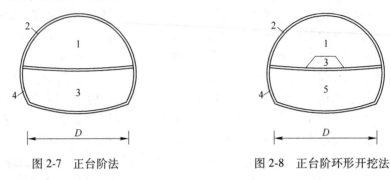

图2-7　正台阶法　　　　　　　　　　图2-8　正台阶环形开挖法

（3）单侧壁导坑法。单侧壁导坑法是指先开挖隧道一侧的导坑，进行初期支护后再分部开挖剩余部分的施工方法。该施工方法采用人工开挖、人工和机械混合出渣，适用于土质条件较差的单双线隧道，是以台阶法为基础先开挖侧壁导洞完成初期支护，然后开挖拱部土体并作初期支护，最后开挖下台阶，施作初步支护并封闭成环，如图2-9所示。

（4）双侧壁导坑法。双侧壁导坑法又称为眼镜工法，它先开挖左右两侧导坑，再分别开挖上部和下部土体。施工步骤为：左右导坑超前支护、左右导坑开挖初步支护、拱顶超前支护、中部上台阶开挖支护、中部下台阶开挖、断面初步支护封闭成环，如图2-10所示。

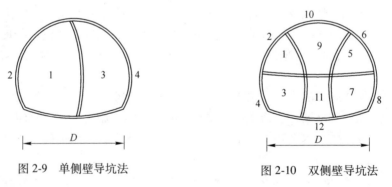

图2-9　单侧壁导坑法　　　　　　　　图2-10　双侧壁导坑法

（5）CD工法。CD工法又称中隔墙法，是先分部开挖隧道一侧并施作临时中隔墙，当开挖侧超前一定距离后，再分部开挖另一侧隧道的方法。CD工法施工步骤为：左侧上导坑超前支护、左侧上导坑开挖并初期支护、左侧下导坑开挖并初期支护、右侧上导坑超前支护、右侧上导坑开挖并初期支护、右侧下导坑开挖并初期支护、断面初期支护并封闭成环，如图2-11所示。

（6）CRD工法。CRD工法也称交叉中隔墙法，适用于断面较大、工程地质条件较差的地铁隧道。CRD 工法与 CD 工法相似，都是以台阶法为基础，上下两个台阶分别按次序开挖两个导坑，其中上台阶的导坑先开挖，之后分别进行初步支护，当拱部初步支护结构稳定之后再进行下台阶两个导坑的开挖，并及时完成仰拱。上下导坑、左右导坑均要错开一定的距离。CRD 法施工步骤为：左右上导坑超前支护、左右上导坑开挖并初期支护、左右下导坑开挖并初期支护、断面初步支护封闭成环，如图 2-12 所示。

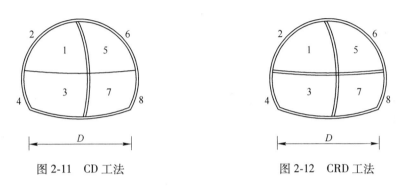

图 2-11　CD 工法　　　　　　　　　图 2-12　CRD 工法

浅埋暗挖法施工的关键技术在于辅助施工技术的应用。当地层较差、开挖面难以自稳不能采用大断面开挖时，采取辅助施工措施后，优先采用大断面开挖。常用的辅助施工技术有：环形开挖留核心土；喷混凝土封闭开挖工作面；超前锚杆或超前小导管支护；超前小导管周边注浆支护；设置上半断面临时仰拱；深孔注浆加固地层；长管棚超前支护；特殊地层冻结法；水平旋喷超前支护；地面锚杆或高压旋喷加固地层；降低洞内、洞外地下水位，洞内超前降排水等。下穿既有线路施工时可以采用管棚帷幕，保护邻近建筑物的措施有基础托换、结构补强、地基加固、隔断法、冻结法等。

2.3.1.1　地层加固技术

地层加固技术的选择，从经济角度考虑一般遵循以下顺序：小导管（不注浆）、小导管（注浆）、长短结合小导管（注浆）、洞内深孔预注浆、旋喷或旋喷搅拌桩（包括垂直和水平方向）、大管棚（注浆）、冻结。在施工中，经常遇见砂砾土、砂性土、黏性土或强风化基岩等不稳定地层，这类地层自稳时间短，往往在初期支护没有施做之前或喷射混凝土尚未获得足够强度时，拱墙的局部地层就已经坍塌，为此可采用地层预加固、预支护的方法，以提高周围地层的稳定性。

下面以小导管超前注浆为例加以说明。小导管超前注浆的基本原理是：在工作面周边按一定角度将小导管打（钻、压）入地层中，借助注浆泵的压力，使浆液通过小导管渗透，扩散到地层孔隙或裂隙中，改善土体物理力学性能，这样既可止水又可在工作面周围形成一个承载壳——地层自承拱，同时管体又可起到超前锚杆的作用，从而达到增加土体的自稳时间、提高开挖面地层自稳能力、限制地层松弛变形的目的。

小导管注浆支护的一般参数如下：钢管直径 30～50mm，钢管长 3～5m，钢管钻设注浆孔间距为 100～150mm，钢管沿拱的环向布置间距为 300～500mm，钢管沿拱的环向外插角为 5°～15°，小导管是受力杆件，因此两排小导管在纵向应有一定搭接长度，钢管沿隧道纵向的搭接长度一般不小于 1m，注浆材料一般采用水泥砂浆（水灰比 0.5～1.0）；当围岩破碎，岩体止浆效果不好时，可采用水泥-水玻璃双液浆。

2.3.1.2 地层变位控制技术

地层变位主要是由土层失水固结、施工扰动变形、初期支护与二次衬砌的间隙、整体下沉等引起。为控制地层变位，首先要做好支护，支护时间要尽早，支护刚度要加大。常规的控制途径为：工作面超前预加固+核心土+壁后注浆+锁脚锚管；其次是工作面超前预加固+核心土+正面预支护+锁脚锚管+临时仰拱或临时横撑+临时立柱+壁后注浆；特殊的控制途径为：先进行地层改良，然后进行常规或其次的措施。软弱隧道基底应进行加固处理，如采用碎石替换土或注浆等。

2.3.1.3 防水技术

一般来说，在没有环境要求的情况下，隧道可采用排水型，当对环境影响比较显著，或会造成较大范围的水文地质变化时，隧道才设计成非排水型（防水型）的。城市地下工程一般要求采用非排水型地下结构。非排水型隧道与排水型隧道的区别，就在于衬砌是否要承受较大的水压力，隧道衬砌的背后是否有地下水存在。由于环保、节能理念的深入，非排水型隧道的设计越来越得到重视。目前我国地铁防水比较流行的设计思路是：第一道防线是初期支护和二次衬砌之间铺设的全包防水板，第二道为防水混凝土。实践证明，这种方法在无水或少水地层是有效的，但是在富水地层应用是不妥当的。其改进的措施是：加强初期支护的防水能力，提倡喷射防水混凝土，也可以在初期支护与围岩之间进行补充注浆，将地下水拒于初期支护之外；在初期支护表面布设一定数量的引水盲管，将少量初期支护渗漏的水引排出去，防水板铺设到墙脚配合二次衬砌防水混凝土，仰拱不铺设防水层，对进入初期支护结构和二次衬砌之间的渗漏水应遵照以排为主的原则处理。施工缝和变形缝防水技术按照地下工程防水技术规范施行。

2.3.2 浅埋暗挖法穿越既有结构施工影响机理

2.3.2.1 浅埋暗挖法施工引起地层沉降的原因

浅埋暗挖法因其具有埋深较浅、结构形式灵活的特点成为隧道穿越既有结构施工的主要施工方法之一，目前广泛应用于城市地下工程建设中，但相比盾构法穿越既有结构施工，因其施工的工作面是敞开的，故施工引起的地层和既有结构变形稍大。

根据浅埋暗挖隧道施工工艺可以看出，对于浅埋暗挖隧道，隧道施工对既有结构影响机理可以划分为以下三个主要阶段进行分析。

第 1 阶段：隧道开挖到初期支护结构达到强度要求前这一段时间。此阶段由于隧道开挖，周围土体处于一种临空状态。虽然隧道开挖后即对开挖面施做锚喷支护等初期支护，但由于初期支护为柔性支护，且在短时间内不能达到支护强度要求，开挖面周围土体产生向隧道方向位移，地层将出现较大的松弛范围。这一阶段中土体移动可假定为向内均匀收敛。

第 2 阶段：初期支护和围岩变形基本稳定后，隧道进行二次衬砌，在初期支护达到强度要求以后至二次衬砌达到要求强度前这一过程可视为第二阶段。由于初期支护抵抗外力作用较弱，会在竖向产生收敛变形，而在水平方向产生对土体产生推力，隧道断面形式由圆形变为椭圆形，第一阶段和第二阶段共同变形效果如图 2-13 所示。

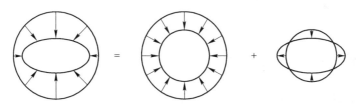

图 2-13　圆形断面浅埋暗挖隧道开挖收敛模式

第 3 阶段：为二次衬砌强度达到要求以后的时间段。与初期支护变形类似，二次衬砌在外力作用下，也会产生椭圆化变形。但与初期支护相比，二次衬砌比初期支护强度高，且此时作用在开挖面的外力由于前期应力释放已大幅减小。因此，此阶段的变形量与第一阶段的变形量比起来相对较小。

因此，浅埋暗挖隧道施工引起的既有结构变形主要阶段为开挖后、支护结构达到强度要求前的时间段内，即为第一阶段和第二阶段。在这两个阶段，支护结构在开挖面周围土、水压力作用下发生变形，同时对周围土体产生反作用力，支护结构与土体的相互作用关系导致地层变形。此外，在施工过程中，由于施工不当导致支护结构与围岩间存在间隙，若补充注浆不充分，围岩在支护后仍不能达到应力平衡状态，将继续发生一定程度的变形，直至达到三次应力平衡。

2.3.2.2　地表沉降的发展过程

隧道施工时，不可避免地要引起沿隧道前进方向上的地层扰动和土体的损失，形成不同深度和不同范围的沉降，沉降槽不可避免地要对地表环境造成不同程度的影响或破坏，不同的围岩、不同的埋深，隧道开挖引起的沉降槽的深度和大小也不同。

　　隧道开挖过程中地表纵向沉降受掌子面的时空效应的影响。一般隧道开挖引起的纵向沉降大致可分为如下四个阶段：

　　第1阶段：微小变形阶段。微小变形阶段是指掌子面（开挖面）与测点距离相差1.0~1.5倍洞径时，已经开始对地表产生一定区域的影响，该段沉降量可以占到总沉降量的15%~20%。

　　第2阶段：变形剧增阶段。变形剧增阶段是指开挖工作面与测点距离1倍洞径到开挖面超过测点并与测点距离3倍洞径内，这一阶段变形主要是因随着隧道的开挖，边界条件会发生改变造成地层的扰动，进而引起地层应力的重新分布而变形，该段沉降量约占到总沉降量的50%~60%。

　　第3阶段：变形缓慢阶段。变形缓慢阶段是指开挖工作面超过测点3~5倍洞径时，这一阶段变形主要是由于隧道二次支护封闭成环后，地层被压密造成的，该阶段沉降量约占总沉降量的15%~20%。

　　第4阶段：变形稳定阶段。变形稳定阶段是指开挖面距测点5倍洞径后，这一阶段变形主要原因是地层发生固结沉降和次固结沉降，地层变形随着时间趋于稳定，该阶段沉降量约占总沉降量的5%~10%。

2.4　顶管法穿越既有结构施工

2.4.1　顶管法穿越既有结构施工关键技术

　　顶管施工是继盾构法施工后兴起的一种地下隧道工程暗挖式的地下工程施工方法。其基本原理是借助于主千斤顶（油缸）及管道间等的推力，把工具管或掘进机从工作坑内穿过土层一直推到接收坑内吊起。与此同时，也就把紧随工具管或掘进机后的管道埋设在两坑之间。采用顶管法施工无需开挖面层，只需利用千斤顶将管子一节节地顶入土层建成涵管。按挖土方式的不同分为机械开挖顶进、挤压顶进、水力机械开挖和人工开挖顶进等。顶进的施工设备主要有顶进工具管、开挖排泥设备、中继接力环、后座顶进设备等。

　　由于顶管法中的管既是在土中掘进时的空间支护，又是最后的建筑构件，故具有双重作用的优点；由于顶管管段为提前预制，接缝较少，有较高的强度和防水性能；在施工时无需挖槽支撑和二次衬砌，既加快了施工进度，又降低了造价；在施工中无需采用降水措施，适用于地下水控制要求严格的地段，特别是采取加气压等辅助措施后，可适用于特殊环境下的管道施工；对于内径小于4m或更小的管道，特别适用于城市市政工程的管道。常用的顶管法施工有土压平衡顶管施工和泥水平衡式顶管施工。

　　顶管的施工是一个对周围土体的卸载和加载过程，在此过程中，必须确保将地表变形和对既有建（构）筑物的影响控制在一个较低的范围内。因此，往往从方向控制、顶进大小、工具管开挖面正面土体的稳定性和承压壁后靠结构及土体的稳定性五方面因素进行考虑。

2.4.1.1 顶进纠偏

管道纠差是顶管技术中的关键，在实践中已提出"勤测、微纠、少纠"的原则，勤测即多测量，以便精确掌握情况，及时采取措施做出调整。在管理上要完善测量人员的管理制度，如明确强制观测次数、班组间要交底等措施。微纠即指纠偏不能一次到位，要逐步纠正偏差。少纠则指当偏差在 12cm 以内且机头向减少偏差方向行走时，尽量少纠正偏差。钢筋混凝土管的偏差可以在后续的使用过程中慢慢调整，但钢管对偏差的要求极高。若偏差没有得到纠正，将会在日后的经营维护中存在极大的风险。

（1）偏差产生前的预防措施。纠偏的重点在于提前预防，而不是偏差产生之后的纠偏行动。所以首先要对偏差的原因有一个系统的认识，然后针对这些原因提出相应的预防措施。顶进偏差产生的主要原因有主顶油缸的后背墙表面不平整或不垂直顶管轴线、墙后土质不均匀、导轨安装偏差过大、工具管穿墙时管轴线与顶进方向产生夹角、迎面土阻力不均、主顶油缸顶力分布不均或偏心、管外摩擦力分布不均匀等。对于后背墙的问题可以采取旋喷桩进行后背土体加固、设置混凝土墙、墙后上方推土、后背墙钢板护壁等。

（2）顶进过程中的监控措施。在顶进过程中利用高精度的经纬仪及水准仪实时监控顶进过程中的情况。若产生偏差及时进行分析，采取相应的纠偏措施。

（3）偏差产生后的纠正措施。如果顶进出现了偏差，可采用以下方式进行纠偏：

1）当轴线偏差在 10~30mm 时，采用挖土纠偏法。

2）当轴线偏差大于 30mm 时，采用顶木纠偏法。

3）还可采用千斤顶纠偏，即配合挖土纠偏法。在超挖的一侧管端壁支上小千斤顶，利用小千斤顶的顶力来纠正工具管端部的方向。总之，偏差的控制需要从顶进的全过程去考虑。从系统的角度去解决，最好能够形成一个事前事中事后的全过程控制体系，使偏差控制在允许的范围内。

2.4.1.2 注浆减阻技术

为了减少管道顶进过程的摩阻力，顶管施工中主要采用触变泥浆减阻。触变泥浆的工作机理是：管道外环空间充满触变泥浆形成泥浆环套，不仅减少了土层对管子的垂直压力，而且因泥浆具有浮力作用，减轻了管道对下部土层的正压力，泥浆处于流动湿润状态，从而保证顶管过程中摩阻力较小。在顶进过程中，通过顶管机尾部的同步注浆与管道上的预留注浆孔向管节外壁压注一定数量的减摩泥浆。采用多点对称压注使泥浆均匀地填充在管节外壁和周围土体间的空隙，以减小管节外壁和土体间的摩阻力，起到降低顶进时阻力的效果。为了取得较好的减阻效果，可采取工具管同步注浆和管段补浆结合的方式。注浆减阻技术在使用过程中必须注意以下几个关键点：

（1）保证顶进管具有不透水性。在管道上侧均匀刷冷沥青油，既能保持管道密封也能起到防腐的作用。

（2）在管子上预埋压浆孔。压浆孔的设置要有利于浆套的形成，浆套的形成可采用下面的办法：对于钢管，可以每隔 30~40m 在管节上加焊一道 6mm 的环形钢筋帮助刮土。对于钢筋混凝土管，亦可预埋钢筋圈或铁片环，这种方法可以有效地形成浆套。

（3）选择优质的触变泥浆材料钠膨润土。在配制浆液时要加入一定的纯碱而完成钠离子置换，膨润土的贮藏及浆液配制、搅拌、膨胀时间必须按照规范进行，使用前必须先进行试验。在施工前要详尽地掌握土层的颗粒分布，按基本粒径确定膨润土悬浮液的混合比，并常进行检验。触变泥浆拌制后储存于储浆罐内，放置 12h 才可使用。

（4）计算出土体压力。确定膨润土悬浮液的压力，注浆时要严格控制好压力，防止浆体流到工具管前端进入管内，最好能平衡泥浆套上部土体压力，防范地面的沉降或隆起。

2.4.1.3　工具管开挖面正面土体的稳定性

在开挖和顶进过程中，尽量减小对正面土体的扰动是防止坍塌、涌水和确保正面土体稳定的关键。正面土体的失稳会导致管道受力情况急剧变化，甚至会造成顶进方向的偏差。

2.4.1.4　承压壁后靠结构及土体的稳定性

顶管施工中，多数情况下必须有顶管工作井。顶管工作井一般采用沉井结构或钢板桩支护结构，除了需要验算结构的强度和刚度外，还应确保后靠土体的稳定性，可以采用注浆、增加后靠土体地面超载等方式限制后靠土体的滑动。若后靠土体失稳，不仅会影响顶管的正常施工，严重的还会影响到周围环境。

2.4.2　顶管法穿越既有结构施工影响机理

2.4.2.1　顶管法施工引起地层沉降的原因

顶管法施工引起地面沉降的最主要原因可归结为施工引起的各种地层损失和顶管管道周围受扰动土体的再固结。

（1）地层损失主要因以下几方面：

1）开挖面引起的地层损失。顶管施工过程中进行断面开挖时，即使使用了泥水、土压或气压平衡等技术措施来抵消开挖面前方和上方的土压力，开挖面正面的土体也不会一直保持受力平衡状态。当正面顶推力较小时，开挖面的土体由于土体的侧向土压力会向顶管管道内移动，引起地层损失，从而导致地表下沉；

当开挖面的正面顶推力比较大时，开挖面前方土体受到挤压，引起土体向开挖面前方移动，若顶管的埋深较浅，开挖面前方地表会表现出明显的隆起现象。合理控制顶管施工的正面顶推力，保持开挖面前方土体基本处于土压平衡状态，可以有效地减小地层损失。

2）管道与土体之间存在环形空隙引起的地层损失。管道与土体之间存在空隙的原因主要有四个：① 触变泥浆失水，若顶管管道与土体孔隙中的触变泥浆失水，会增大地层损失；② 相邻管片之间不平整，若相邻管片之间的接口不合格，没有达到设计要求，则会增大顶管管道与土体的空隙空间，从而导致更多的地层损失；③ 通常情况下，顶管管道外径一般比工具管外径小 2~4cm，因此在顶管施工过程中，开挖面后方管道外壁与土体之间会产生环形的空洞，若没有及时地采取注浆加固措施，管道周围的土体会受到挤压向环形空隙之中移动，从而导致地层损失；④ 管道外径与中继环外径之间存在差异，中继间在顶进施工过程中会带走泥浆，甚至带走管道周围的土体，这些原因都会导致地层损失。

3）工具管上方黏土造成的地层损失。顶管施工过程中，因为从第一节管道开始注浆减小摩阻力，所以，顶管的工具管会与周围的土体之间产生直接的接触，土体在自重应力的作用下，不可避免地会粘在工具管上，导致工具管断面面积比顶管管道断面面积大，若这个缝隙不能完全被注浆加固，会导致管道上方土体的下沉，从而引起地层损失。

4）顶管管道和工具管与周围土体发生剪切作用而引起的地层损失。顶管施工过程中工具管会对周围土体产生剪切扰动，从而导致地层的损失。顶管管道由于注浆减小了与土体间的摩阻力，对周围土体的剪切扰动相对较小，但在顶进管道过程中若发生轴线偏离，则会产生局部纵向剪切，管道对周围土体的剪切扰动会增大。所以，当顶管出井不当偏离轴线位移时，会产生较大的挠曲变形，在工作井附近会产生较大的地层损失。

5）纠偏引起的地层损失。顶管施工过程中，或多或少都会出现轴向的偏差，当轴向偏差过大需要进行纠偏措施时，工具管与轴线会形成一个夹角。因此在纠偏顶进时，工具管对偏转方向的土体会产生挤压力，导致土体的位移变化。同时，在另一侧工具管道与土体之间会产生间隙，这样，就导致了开挖的断面成为椭圆形，这种情况引起的地层损失即为椭圆形的面积与管道外壁圆形面积的差值。工具管的纠偏幅度和工具管自身的管径及长度决定了该种情况下的地层损失量。

6）工作井后靠土体变形引起的地层损失。顶管施工过程中，顶管工作井的承压壁由于承受千斤顶的压力会产生很大的变形，在钢板桩围护的工作井中这种现象表现得尤其严重。

7）工具管进出工作井引起的地层损失。工具管在进工作井和出工作井洞口时，因为洞口空隙封堵不严密或者不够及时而导致水土的流失，会产生较大的地面沉降和地层损失。

8）顶管回弹后退引起的土层移动。在顶管施工过程中，主千斤顶卸载更换管节时，管道可能发生回弹，导致开挖面土体的松动或者塌落，从而产生地层的移动。这一部分地层损失在顶进长度较短时表现得尤为明显，当顶进长度较长时，由于顶管管壁与土体之间的摩擦力，管节的回弹量将会减少，因此导致的地层损失也会相对减小。

（2）受扰动土体的再固结。顶管施工导致管道周围土体扰动后的再固结过程，主要是以下两个原因：

1）因受到顶管掘进施工的扰动，管道周围土体中便形成超孔隙水压力区。当顶管机头离开该处地层时，由于管道四周土体表面的应力释放，土体中孔隙水排出，该孔隙压力下降，引起土层固结，从而形成地层移动和地面沉降。

2）由于顶管顶进过程中的挤压作用和压浆作用等因素，使周围地层形成正值的超孔隙水压力区，该超孔隙水压力在顶管施工后的一段时间内会消散。在此过程中，地层也会发生排水固结变形，从而引起地面沉降。

2.4.2.2　地表沉降的发展过程

顶管施工过程中土体扰动的一般规律与盾构施工引起的土体扰动规律有很多相似之处，一般可以将其分为三个阶段，即工具管前部的土体变形阶段、顶进施工过程中的土体沉降阶段和最终的土体固结沉降稳定阶段。

第1阶段：工具管前部土体变形阶段。当测点在工具管前方时，由于工具管上刀盘的切削搅拌、振动，会对开挖面周围的土体产生扰动。在扰动作用的影响下，土体颗粒之间产生移动从而导致土体中的空隙率会发生变化，土体会被压缩，地面将会出现微小的沉降。随着工具管靠近测点，土体受到正面顶推力的挤压作用，会在工具管前方产生微小的隆起，若顶管的埋深比较深，可能产生的隆起现象就不会太明显。

第2阶段：施工过程中的土体沉降阶段。在顶管施工过程中，工具管通过测点时，工具管两侧的土体会由于挤压作用向外产生位移。由于工具管的直径要比后续管道的直径大，所以，管道周围会形成环形的空隙，当工具管的尾部通过测点之后，管道周围的土体要向管壁移动，这时地表就会出现明显的沉降。在顶管施工过程中，通过在管节外壁注浆加固周围土体，填充管道与土体之间的空隙，从而保证顶管上层土体的稳定，并且能够有效地减小摩阻力。

第3阶段：土体的固结沉降阶段。当顶管施工完成后，由于施工过程中土体的空隙水压力发生变化，在没有外部施工扰动的情况下，土体在自重应力的作用下产生固结沉降，产生微小的下沉，最终处于稳定状态。

3 穿越既有结构施工安全影响因素

3.1 穿越既有结构施工安全基本因素

施工安全影响因素是导致事故发生、发展的潜在原因。穿越既有结构的施工安全受穿越施工类型、既有结构的使用情况、新建工程类型、施工方式、施工地质环境、新建工程与既有结构的相对关系、施工过程中采用的保护措施等因素影响。总结其施工安全影响因素主要分为三大类，分别为地质水文条件、新建工程状况和既有结构状况。

3.1.1 地质因素

3.1.1.1 地下水

一般情况下，土体是由土粒、孔隙水和空气所组成的三相体，对于饱和含水土层，土体中的孔隙全部被水充满，可以认为是只有固相的土粒和液相的孔隙水所组成的两相体。地下水按其埋藏条件可分为上层滞水、潜水、承压水三类，上层滞水是存在于包气带中局部隔水层之上的重力水。一般分布范围不广。潜水是埋藏在地表下第一个稳定隔水层上，具有自由表面的重力水。承压水是指地表以下充满两个隔水层之间的水，是具有承压性质的重力水。

无论是新建地下工程结构或者是既有结构，都处于复杂的水文地质环境中，而新建工程的施工要求为无水环境，因此，需要对场地进行降水施工。一般在地下工程施工之前，预先在施工范围内进行降水作业，将施工范围内的地下水位降低到施工开挖底面以下一定标高，同时在施工期间仍要不间断降水，使得地下工程施工保持在无水或基本无水的条件下进行。

降水作业所造成的地层沉降和变形主要由于地层中土的有效应力增加，岩土发生固结压密产生的。针对潜水而言，当采取降水作业时，土的有效应力的增量与土层的持水容重和饱和容重有关，并不等同于孔隙水压力的变化值，而主要取决于土层持水容重的大小。总体上而言，土层的持水容重小于饱和容重，因此土层的总应力会减小，有效应力的增量小于孔隙水压力的变化量。针对承压水而言，当降水作业后土层中的水层仍为承压水，则总应力不变，若降水后转变为无压水或者被疏干的情况，则等同于潜水有效应力的计算方法。

若地下水位上升，则地基土体压缩性增大、土质软化、地基沉降问题愈加严重，若地下水位下降，周围土层会出现固结沉降的问题，轻则导致地下管线出现沉降，重则导致建筑物下部的土体被掏空，严重威胁着建筑物使用的安全性。此外，地下水产生的动水压力作用使得土层中的松散细颗粒产生悬浮流动作用和流砂作用，同时由于动水压力作用，可能导致土层中的细小颗粒穿越粗颗粒之间的空隙渗流，形成管状空洞，使土体结构破坏，强度降低，对岩土工程产生较大危害。地下工程施工中对于既有结构的影响还需考虑地下水中有害物质对既有结构的腐蚀作用，导致混凝土结构破坏，增加工程施工对于既有结构的影响程度。

当新建工程在既有结构上方施工时，有两种情况：一是初始水位线高于新建工程底板时，降水作业对既有结构的影响小，但地下水位高于既有结构，对既有结构的腐蚀和动水压力作用存在，会影响结构的耐久性；二是当原始水位位于既有结构以下时，对结构的影响可忽略。

当新建工程在既有结构侧方施工时，初始水位高于新建工程底板时，既有结构位于降水作业产生的降水域边缘区域内，其土体固结压缩会导致既有结构周围土体变形，导致既有结构产生变形或位移，同时，地下水的腐蚀和动水压力作用会导致既有结构耐久性降低，增加变形概率。

当新建工程在既有结构下方施工时，有两种情况：一是地下水位位于新建工程底板上方，则既有结构正好位于降水作业产生的降水域上方，因此其降水施工所导致的土层变形和移动对既有结构的影响较大；二是初始水位高于既有结构底板，则会受到土层变化和地下水腐蚀、动力等双重作用。

3.1.1.2　土层地质

新建工程的施工对于既有结构的影响主要是通过其中间土体传递的，因此既有结构所处的地层条件对施工扰动所产生的地层变形的影响也较大，继而影响到新建结构施工。因此中间土体在应力重分布下产生的压缩变形与既有结构的变形是有直接关系的。在地层条件较好的地区，如硬塑细颗粒地区以及中等密实度以上的粗颗粒地区，新工程施工所导致的周边地铁结构变形较小，同时容易控制，而在土层强度较低、地下水位较高的地区，施工所产生的开挖面的自稳能力较差，对既有结构的影响较大。

我国地层土层岩性主要有各类砂土、粉土、粉质黏土、黏土和淤泥质黏土等。针对压缩性，在各类土层中，一般情况下，细砂土、砂砾石的压缩性要小于黏性土层。土层的变形量不仅和它的压缩性有关，还和它的厚度有关。当土层的压缩性较大，而其厚度很小，则压缩变形非常有限。当土层的压缩性很小，但其厚度较大，也会产生较大的压缩变形。

黏性土的变形具有塑性变形和蠕变等特点，而塑性变形的发生会使既有地铁隧道发生变形。相关学者通过实验证实，砂性土性质不同，在不同的应力状态下会产生不同的变形，有的表现为弹性变形，有的则表现为非线性变形，压缩变形以塑性变形为主并包含有蠕变是它变形的基本特点，其蠕变效应较黏性土小。同时砂性土具有明显的迟后效应，迟后效应主要与其蠕变效应和水位的变化形式有关。

土层的变形首先与土的性质有关，如在水位持续上升期和以后的稳定期，砂层和硬黏土层主要为弹性变形，塑性变形很小，几乎没有变形迟后。在水位下降期则有明显的塑性变形，呈现弹塑性变形的特征。同样水位变化情况下，软黏土层则表现为持续的压缩，以塑性变形和蠕变变形为主，有明显的迟后。

土体变形主要与其孔隙比、含水量、密实度等有关。

（1）孔隙比。天然土体是具有沉积结构的，在其沉积过程中，土体中形成众多的孔隙。新工程的施工对孔隙尤其是大孔隙的影响是很明显的。当新建工程如土体中桩基施工完成后，造成周围土体孔隙比减少。由于土体孔隙的改变直接影响土体的密实度、固结状态、渗透性以及承载力，随着孔隙比的减少，土体的干密度增大，压缩模量增加。

（2）含水量。土体中含水量的多少直接影响到土体的强度、变形以及承载力的变化。当土体中的含水量少于最优含水量时，土体的抗剪模量和抗剪强度较高。反之，当含水量过多时，土体强度损失较大，特别新工程施工需要进行降水作业时，造成临近地铁结构产生较大变形。

（3）密实度。密实度主要指土中固体颗粒排列的紧密程度。土颗粒排列紧密，其结构就稳定，强度高且不易压缩变形，工程性质较好。反之，颗粒排列疏松，土体结构处于不稳定状态。

3.1.2 新建工程状况

3.1.2.1 临近方式、临近度及新建工程尺寸

在对临近度的具体划分中，日本公布的《既有铁路隧道近接施工指南》中对既有铁路隧道近接施工类问题作了较全面、系统的阐述。本节以此为例阐述。并行隧道（本书称为侧面穿越）临近度划分见图 3-1 及表 3-1，相互穿越隧道（本书称为上部穿越和下部穿越）临近度划分见图 3-2 及表 3-2，基坑开挖临近度划分如表 3-3 所示。

表 3-1 并行隧道临近度划分

相互位置关系	临近度	等级划分
新建隧道位于 既有隧道上方	<1D	限制范围
	1~2.5D	要注意范围
	>2.5D	无条件范围

相互位置关系	临近度	等级划分
新建隧道位于 既有隧道下方	<1.5D	限制范围
	1.5~2.5D	要注意范围
	>2.5D	无条件范围

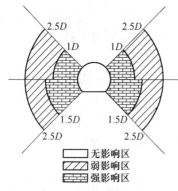

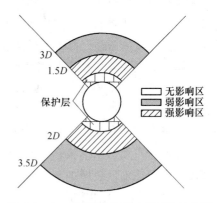

图 3-1 并行隧道临近度划分示意图   图 3-2 相互穿越隧道临近度划分示意图

表 3-2   相互穿越隧道临近度划分

相互位置关系	临近度	等级划分
新建隧道位于既有隧道上方	<1.5D	限制范围
	1.5~3.0D	要注意范围
	>3.0D	无条件范围
新建隧道位于既有隧道下方	<2.0D	限制范围
	2.0~3.5D	要注意范围
	>3.5D	无条件范围

表 3-3   基坑开挖临近度划分

相互位置关系	临近度	等级划分
隧道上部基坑开挖	残留埋深比 $h/H < 0.25$	限制范围
	$0.25 < h/H < 0.5$	要注意范围
	$h/H > 0.5$	无条件范围
隧道侧面基坑开挖	$< 1D$	限制范围
	$1 \sim 2D$	要注意范围
	$> 2D$	无条件范围

通过日本对于铁路临近施工的临近度划分情况可以发现，无论是新旧隧道并

行或者是交叉，当新建工程上穿既有隧道工程时，强弱影响区范围都小于下穿工程，其具体影响程度与临近度和新建工程尺寸有关。基坑开挖工程施工中，既有结构受到的影响主要与临近度、既有结构埋深和既有结构尺寸有关。

3.1.2.2 新建工程施工方法

穿越既有结构的施工方法一般有明挖法、盾构法、浅埋暗挖法、顶管法等。几种施工方法的特点如表3-4所示，各施工方法的施工安全影响因素在以下几节阐述。新建工程采用任何施工方法都应考虑表3-5所示因素。

表 3-4 不同施工方法特点比较

施工方法	适用地质	施工场地要求	环境污染情况	结构断面适应情况	对地层影响程度	防水情况
明挖法	均可	多	大	较强	较小	容易
盾构法	均可	少	小	较差	较小	容易
浅埋暗挖法	需水处理	一般	较小	较强	较大	困难
顶管法	均可	少	小	较差	较小	容易

表 3-5 新建工程施工安全影响因素

施工阶段	影响因素
施工准备情况	气象
	与施工有关法令
	设计文件的核对情况
	实施性施工组织设计
施工地质勘查	资料收集情况
	地质情况
	超前地质预报情况
施工组织与管理	施工顺序
	培训情况
	人员管理情况
	施工队伍状况
	应急预案情况
	检测监测情况
	机械装备情况
	施工技术水平
	施工质量

3.1.3 既有结构

既有结构有建筑物、地铁、管线、桥梁、公路及铁路等，与既有结构相关的影响因素见表3-6。

表3-6 与既有结构有关的影响因素

既有结构类型	通用影响因素	专有影响因素
既有建筑物		结构层数
		结构高度
		平面布置及尺寸
既有地铁	修建年代 结构形式 基础类型 基础埋深 地基处理形式 使用状况	隧道断面尺寸
既有管廊（线）		管线类型
		管线材质
		管线大小
		接头性质
既有桥梁		桥面尺寸
既有公/铁路		公/铁路路面尺寸

3.2 既有结构的破坏形式

本部分对穿越既有结构施工中常见的既有结构类型，包括既有建筑物、既有地铁、既有深基础等病害进行阐述，其他类型与这几种结构有相似之处。

3.2.1 既有建筑物的破坏形式

根据地表土层损害形式，可将其分为五类：地表土层的沉降、地表土层的倾斜、地表土层的隆起、地表土层的水平变形、地表土层的曲率。既有建筑物的破坏是由地表的损害传递的，从地表土层的五类损害形式说明对既有建筑物的影响。

（1）地表土层均匀沉降损害。地表土均匀沉降会引起建筑物整体下沉，当沉降量较小时建筑物的受力几乎不受影响，但沉降量较大时会给建筑物带来损害，影响到建筑物的功能要求和结构的稳定性。例如建筑物基础下沉到地下水位线以下时，建筑物的使用功能会受到影响，基础的长期浸水会使建筑物基础强度降低，直接影响建筑物的安全使用。

（2）地表土层倾斜损害。地表土层倾斜主要是由于土体的不均匀沉降产生的，倾斜变形将使建筑物内部产生剪切力而破坏，剪切力一般能使建筑物墙体产生相互交叉的裂缝，地表倾斜产生的危害对底面积小、高度大的高耸建筑物影响较大，如烟囱、筒仓、水塔等，地表倾斜会使其重心偏离截面形心，产生附加偏心距和附加内力，造成构件内应力重分布而使结构发生破坏。倾斜大时，还会使建筑物的重心落在基础底面积之外而使其发生折断或倾倒，但这种情况很少。其破坏形式如图 3-3 所示。

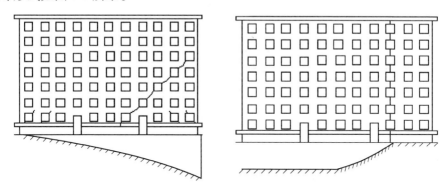

图 3-3　地表倾斜引起的建筑物开裂损坏示意图

（3）地表土层隆起损害。在盾构法和顶管法隧道施工中，地表隆起损害问题最为突出。盾构法施工中，前方土体受到盾构机的顶压，当盾构机推进力大于机身与地层间摩擦力和掌子面主动土压力二者之和时，掌子面前方一定范围内土体产生挤压变形，出现地表隆起现象，将此称为负地层损失。顶管法施工与此相似，千斤顶的推力施加在管片上以后，管片会将此推力传递给前方土体，使前方土体受到挤压而变形，地表略微向上隆起。若隧道穿越或邻近既有建筑物地基施工，这种土体变形会造成建筑物基础的上抬，在这种上抬作用下，亦会形成不均匀变形，从而产生裂缝、变形等损害。

（4）地表土层水平变形损害。地表的水平变形对建筑物的破坏作用很大，包括地表的拉伸变形和压缩变形，建筑物抵抗拉伸变形的能力远小于抵抗压缩变形的能力。对地表拉伸区的建筑物进行受力特征分析，其基础侧面受到地基土的外向水平推力，基础底面受到地基土向外的摩擦力，因建筑物抵抗拉伸作用的能力很差，在这两个力的作用下较小的拉伸变形就能使建筑结构产生裂缝，尤其是砌体房屋，墙体容易被拉裂。对位于压缩变形的建筑物同样受上面两个力的作用，只是力与拉伸变形时相反，建筑物对压缩变形具有较大的抵抗力，压缩变形较小时影响不大，过大时会使建筑物发生挤碎性的破坏，主要破坏是使门窗洞口挤成菱形，纵墙或围墙产生褶曲或屋顶鼓起，如图 3-4 所示。

（5）地表土层曲率损害。地表面为曲面，存在一定的曲率，地表曲率对建筑物有较大影响。地表曲率变化主要表现为建筑物的不均匀沉降，当地表发生负曲率地表相对下陷时，建筑物的中央部分悬空而产生较大下沉，使墙体产生水平裂缝和"正八字"裂缝，如图 3-5 所示。如果建筑物长度较大，建筑物在重力作用下将从底部开始撕裂并发生破坏；地表发生正曲率地表相对上凸时，建筑物的

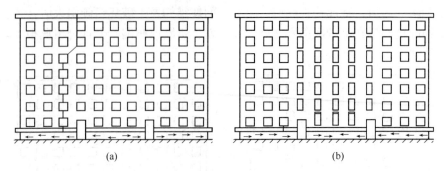

图 3-4　建筑物水平变形损坏示意图

（a）拉伸破坏；（b）压缩破坏

两端失去支撑作用甚至会出现临空面，此时建筑物墙体产生"倒八字"裂缝，严重时还会出现梁的端部或屋架从柱或墙体内抽出，造成建筑物塌陷。建筑物因地表曲率变化而导致的损害是一种常见的损害形式，这种损害主要与隧道开挖引起的地表土层变形有关。此种损害与建筑物因地基不良而发生的损害相比，二者极为相似，但又有不同之处，不同之处在于开挖引起的地表曲率变化是开挖引起的自行弯曲，它与上部结构所施加荷载而引起的弯曲是相对独立的，在这种前提下，叠加建筑物自重，便构成了弯曲损害。

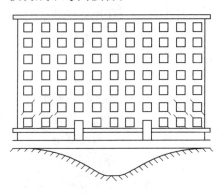

图 3-5　地表曲率引起建筑物损坏示意图

以上是从地表土层的损害形式来说明对建筑物的影响，在实际工程中，地表土层变形对于建筑物的影响，不仅是某单一种类的地表变形的影响，而是几种变形同时作用的结果。一般情况下地表的拉伸与正曲率同时出现，而地表的压缩与负曲率同时发生。

3.2.2　既有地铁的破坏形式

本节以穿越既有地铁结构为例，对既有地铁结构的破坏形式进行归纳总结，主要有以下几种形式：

（1）隧道结构变形损害。隧道开挖施工对既有隧道结构的不良影响是：一方面下穿施工导致地层应力状态的改变，引起地层的移动和变形，在既有隧道下产生不良地基，引发结构沉降变形；另一方面隧道开挖引起的破坏力通过地层传递到既有结构，使既有隧道结构应力发生变化产生变形，如隧道结构变形缝在剪切力的作用下会发生错动变形，并导致沉降缝两侧差异沉降。

隧道结构变形损害形式主要有四种：纵向结构挠曲变形、纵向结构剪切变形、横向截面翘曲变形、横向截面的压弯变形。这四种损害变形形式一般会几种变形同时出现而不是单一形式出现。

（2）轨道结构损害。既有地铁轨道结构与一般工程结构物不同，其几何形状、尺寸、空间位置关系受外力影响较大，新建工程的开挖对地层及隧道的扰动力传递到既有地铁轨道结构上，既有轨道结构会发生变形使得轨道线路产生不平顺现象，轨道结构的不平顺直接导致车辆产生振动，加大轮轨间的磨耗，影响列车的舒适度及轨道构件的使用时间，降低列车运行质量，更严重的是，在轨道变形较大的区间会发生列车脱轨和爬轨事故，造成列车正常运营中断并危害乘客的生命安全。

（3）轨道与结构剥离损害。新建工程穿越既有结构施工可能会同时导致隧道结构和轨道结构的变形，由于轨道结构与隧道结构两者的材料属性和刚度差异较大，隧道结构的刚度远大于轨道结构的刚度，因而两者的应力变化不同，进而两者的变形不一致，造成轨道可能与隧道结构发生剥离，引起安全事故影响既有地铁的正常运营。

（4）既有线附属设施损害。新建工程穿越既有地铁施工会造成既有结构底板倾斜，进而影响到既有地铁线路两侧的电力、通信等管线以及其他的附属设施。如接触网杆、信号灯等建筑重心发生偏斜，也会改变排水系统坡度，破坏正常的排水功能，严重时发生污水倒灌，影响既有地铁的正常运营。

3.2.3 既有深基础的破坏形式

本部分涉及的深基础主要指建筑物、桥梁等的桩基础。桩的破坏形式与桩的传力性状、桩身材料和桩周土体性能有密切关系，虽然竖向荷载作用下桩的破坏形态各异，但归纳起来大致有两大类：桩身结构破坏和桩周土体破坏。

（1）桩身结构破坏。桩端支承在很硬的岩土层时，在竖向荷载作用下，桩端土提供的承载力超过桩身结构所能承受的荷载，桩先于桩周土体产生折裂或屈服破坏。这种破坏在荷载、沉降曲线上将出现明显的转折点，即破坏荷载，一般超长的摩擦桩容易发生此类破坏，此时桩的竖向承载力取决于桩身结构强度。

（2）桩周土体破坏。桩穿过抗剪强度较低的软弱土层支承于较硬的持力层中，桩端压力超过持力土层的极限承载力时，桩端以上的软弱土体不能阻止桩端滑动土楔的形成，桩端土体形成连续的整体滑移面，滑动土楔向上挤出而形成整体剪切破坏，此类桩的承载力主要取决于桩端土的支承能力。另一种桩周土体破坏的形式体现在穿过均匀土层的摩擦桩，随着桩顶荷载增加，桩周土摩擦力不断发挥至极限值，桩周土体产生剪切破坏，作用在桩顶的竖向荷载主要由桩侧土摩阻力承担。

3.3 基于不同工法的施工安全影响因素

3.3.1 明挖法施工安全影响因素

明挖法施工影响因素如表 3-7 所示。

表 3-7 明挖法施工影响因素

风险事件	风险因素
地连墙坍塌风险	泥浆质量
	土质处理
	降水方案
围护结构渗水风险	围护结构裂缝
	围护结构接缝严密程度
基坑滑移坍塌风险	围护结构施工质量
	围护结构承载力
	基坑降水方案合理程度
	基坑边坡周围是否超载
	基坑放坡坡度
	基坑开挖顺序
	基坑开挖标高
	基坑监测方案设计
	支撑结构施工时间
	支撑结构施工方法
基坑隆起风险	不同类型土体性质
	基坑土体暴露时间
	基坑土体内外高差
	围护结构埋深

风险事件	风险因素
管涌流砂突涌风险	基坑底部土层性质
	基坑开挖距离承压含水层距离
	降水方案实施程度
支撑失稳风险	支撑材料质量
	支撑内配筋量
	支撑收缩与腐蚀程度
	支撑受外力撞击
	支撑结构构造规范程度
	支撑施工质量
	支撑变形监测方案合理程度
其他风险	场地机械交叉作业
	洞口防护
	防水材料防护
	施工方法
	工人操作

3.3.2 盾构法施工安全影响因素

盾构法施工影响因素如表 3-8 所示。

表 3-8 盾构法施工影响因素

施工阶段	风险事件	风险因素
工作井施工阶段	涌水涌砂风险	地连墙施工到位程度
		井内承压水处理
	坑底隆起风险	围护结构埋深
		地基加固效果
		井内承压水处理
	基坑失稳风险	支护结构施工质量
		坑壁选型
		地下水处理质量
	地面沉降风险	降水措施
盾构始发前准备工作阶段	地面沉降风险	洞门土体加固效果
	辅助设施损坏风险	始发基座强度、刚度
		顶力大小
		操作规范程度

施工阶段	风险事件	风险因素
盾构始发前准备工作阶段	基坑失稳风险	洞门土体加固效果
		顶力大小
	设备损坏、物体打击风险	安全意识
		操作规范程度
盾构始发阶段	土体涌入工作井风险	洞门主体加固效果
		洞门凿除工艺
	盾构"抬头"风险	是否存在浅覆土
		掘进轴线控制方法
	盾构"叩头"风险	是否存在地层空洞
		是否存在软弱地层
		掘进轴线控制方法
	无法正常出洞风险	顶进系统故障
		盾构姿态控制效果
	地面沉降风险	注浆压力控制效果
		反力架与负环管片拆除时间
		是否存在地层空洞
	衬砌结构风险	反力架与负环管片拆除时间
盾构正常掘进阶段	地面沉降风险	盾构机选型
		土压力控制方法
		土压与取土设备故障
		是否存在地下障碍物
		地下水流失
		注浆效果
	地面隆起风险	是否存在浅覆土
		土压力控制效果
		注浆效果
	盾构"抬头"风险	是否存在浅覆土
		掘进轴线控制方法
	盾构"叩头"风险	是否存在地层空洞
		是否存在软弱地层
		掘进轴线控制方法
	掌子面失稳风险	是否存在可燃气体
		高压地下水渗出
		土压与取土设备故障

施工阶段	风险事件	风险因素
盾构正常掘进阶段	管片受损风险	操作规范程度
		土层透水性
		轴线纠偏措施
		是否存在地下障碍物
		管片质量
	隧道轴线偏离风险	掘进轴线控制方法
		是否存在地层空洞
	隧道渗水风险	管片拼装效果
		管片质量
		盾尾密封效果
	盾构故障停机风险	油压系统故障
		是否存在地下障碍物
		刀盘结泥饼
		盾构机运转状态监测
联络通道施工阶段	地面沉降风险	土体加固效果
		支护时间
		支护的强度、刚度
	主隧道管片变形风险	土体加固效果
		支护时间
		支护的强度、刚度
		冻胀力大小
		顶管后坐力大小
	联络通道结构变形风险	支护时间
		支护的强度、刚度
		注浆合理程度
	渗漏水风险	冻胀力大小
		顶管顶进方向偏差
		防水措施
	涌水、涌泥风险	冻结孔度和角度
		冻结时间
		冻结均匀程度
	冻结管断裂风险	冻结管质量
		冻结程度

施工阶段	风险事件	风险因素
盾构到达前准备工作阶段	地面沉降风险	洞门土体加固效果
	辅助设施损坏风险	接收基座强度、刚度
	轴线偏离风险	定位复测效果
		姿态调整效果
		接收基座固定效果
		接收基座强度、刚度
	泥水涌入工作井	密封材料质量
		操作是否规范
盾构到达阶段	土体涌入工作井风险	洞门土体加固效果
		洞门凿除工艺
	无法正常进洞风险	顶进系统是否正常作业
		盾构姿态控制方法
	洞门坍塌	土压力大小
	地面沉降风险	注浆压力控制方法
		土压力大小
		是否存在地层空洞
	设备损坏、物体打击风险	接收托架强度、刚度
		接收托架台座位移
		安全意识
		操作规范程度
穿越特殊地段	掌子面失稳风险	上部软岩地层自稳性
	地面沉降风险	上部软岩地层自稳性
		透水性地层中掘进时遇硬岩
	隧道轴线偏离风险	软硬岩地层交界处掘进
		掘进时遇孤石
	机械受损风险	软硬岩地层交界处掘进
		掘进时遇硬岩
		土仓内渣土性质
停机检修换刀阶段	停机时间延长风险	停机点位置选择
		安全意识
		操作规范程度
	地面沉降风险	停机点位置选择
		停机点土体加固效果

施工阶段	风险事件	风险因素
停机检修换刀阶段	地面沉降风险	停机点支护效果
		开仓压力控制方法
	涌水、涌泥风险	开仓压力控制方法
	掌子面失稳风险	掌子面稳定性
		仓内密封性
	碰伤、跌落风险	安全意识
		操作规范程度

3.3.3 浅埋暗挖法施工安全影响因素

浅埋暗挖法施工影响因素如表 3-9 所示。

表 3-9 浅埋暗挖法施工影响因素

风险因素		塌方	突水突泥	地层变形	周边环境
开挖情况	开挖方式	√	√	√	√
	循环进尺	√	√	√	√
	爆破器材检查和落实	√	√	√	√
	预留变形量			√	√
	地下水处理	√	√		√
	爆破方法	√	√	√	
	断面变化或工法转化	√			√
排水期防排水	注浆堵水措施		√		√
	排水措施		√		√
	降水措施		√		√
支护与衬砌情况	支护刚度	√		√	√
	超前支护	√		√	√
	预注浆		√		√
	地层预加固与改良	√			√
	支护方法	√	√	√	√
	支护时机	√	√	√	√
	支护质量	√	√	√	√
	闭合成环周期	√	√	√	√

3.3.4　顶管法施工安全影响因素

顶管法施工影响因素如表 3-10 所示。

表 3-10　顶管法施工影响因素

风险阶段	风险事件	风险因素
顶管进出洞阶段	顶管顶进/到达风险	临时挡土墙拆除方法
		止水帷幕效果
		导口垫圈密封效果
		反力装置施工质量
		顶管姿势控制方法
		轴线控制方法
		顶管到达时推力方式
		掘进速度
顶管推进阶段	顶进操作失误	开挖和顶进控制
		轴线控制方法
		泥浆处理
	注浆施工风险	注浆设备
		注浆质量
		注浆环境
	防水防腐风险	管片防腐施工方法
		管片开裂脱节
		地表变形
		环境污染

4 穿越既有结构施工安全监测技术

4.1 穿越既有结构施工安全监测仪器

4.1.1 位移及沉降监测仪器

4.1.1.1 水准仪

水准仪适用于水准测量的仪器（如图4-1所示），中国水准仪是按仪器所能达到的每千米往返测高差中数的偶然中误差这一精度指标划分的，共分为4个等级。

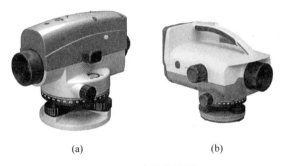

(a)   (b)

图 4-1　水准仪实物图

（a）激光水准仪；（b）数字水准仪

水准仪型号都以DS开头，分别为"大地"和"水准仪"的汉语拼音第一个字母，通常书写省略字母D。其后"0.5""1""3""10"等数字表示该仪器的精度。S3级和S10级水准仪又称为普通水准仪，用于国家三、四等水准及普通水准测量，S0.5级和S1级水准仪称为精密水准仪，用于国家一、二等精密水准测量。水准仪的主要型号如表4-1所示。

表 4-1　水准仪主要型号

水准仪型号	DS 0.5	DS 1	DS 3	DS 10
千米往返高差中数偶然中误差	≤0.5mm	≤1mm	≤3mm	≤10mm

水准仪适用范围：

（1）浅埋地面和基坑围护结构及支撑立柱的沉降。

（2）地表管线的沉降。

（3）周围建筑物、构筑物及周围地表沉降。

（4）分层沉降管管口的沉降。

4.1.1.2　经纬仪

经纬仪包括光学经纬仪、电子经纬仪和激光经纬仪，如图 4-2 所示。经纬仪的型号按照其精度来分，有 DJ 07、DJ 1、DJ 2、DJ 6、DJ 30 等几种不同精度的仪器，其中"D"和"J"分别代表"大地测量"和"经纬仪"汉语拼音的第一个字母，"07""1""2"等是表示该类仪器一测回方向观测中误差的秒数。在书写时省略字母"D"，J 07、J 1 和 J 2 型经纬仪属于精密经纬仪，J 6 和 J 30 型经纬仪属于普通经纬仪，在建筑工程中常用 J 2 和 J 6 型光学经纬仪。

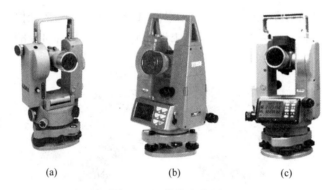

(a)　　　　　　　　(b)　　　　　　　　(c)

图 4-2　经纬仪实物图

（a）光学经纬仪；（b）电子经纬仪；（c）激光经纬仪

经纬仪的型号及其对应精度如表 4-2 所示。

表 4-2　经纬仪主要型号

经纬仪型号	DJ 07	DJ 1	DJ 2	DJ 6	DJ 30
一测回偶然中误差	0.7″	1″	2″	6″	30″

经纬仪适用范围：

（1）浅埋地表和基坑围护结构及支撑系统的水平位移。

（2）道路、管线的水平位移。

（3）地下工程施工引起的周围建筑物的水平位移和倾斜。

（4）测斜管管口的水平位移。

4.1.1.3　全站仪

全站仪（如图 4-3 所示），即全站型电子测距仪，是一种集光、机、电为一体的高技术测量仪器，是集水平角、垂直角、距离（斜距、平距）、高差测量功能于一体的测绘仪器系统。与光学经纬仪比较电子经纬仪将光学度盘换为光电扫描度盘，将人工光学测微读数代之以自动记录和显示读数，使测角操作简单化，且可避免读数误差的产生。因其一次安置仪器就可完成该测站上全部测量工作，所以称之为全站仪。

图 4-3 全站仪实物图

全站仪按照其测角精度来分，可以分 0.5″、1″、2″、3″、5″、7″等几个等级，数字表示的含义与经纬仪相同。

全站仪由于其操作方便、精度高并且功能全，水准仪和经纬仪能适用的它都可以适用，广泛用于地上大型建筑和地下隧道施工等精密工程测量或变形监测领域。

4.1.1.4 测斜仪

测斜仪（如图 4-4 所示）包括便携式测斜仪以及固定式测斜仪，便携式测斜仪又包括便携式垂直测斜仪和便携式水平测斜仪，固定式测斜仪又包括单轴和双轴测斜仪，目前来看，应用最为广泛的是便携式测斜仪，它是一种通过测定钻孔倾斜角从而求得水平向位移的原位监测仪器。

测斜仪广泛用于测量钻孔、深基坑、地基基础、墙体等工程构筑物的顶角、方位角等，它能有效且精确地测量土体内部水平位移或变形，并且监测临时或永久性地下结构（如桩、连续墙、沉井等）的水平位移。

4.1.1.5 倾斜仪

倾斜仪（如图 4-5 所示）最基本的类型包括水管式倾斜仪、固定摆倾斜仪和气泡倾斜仪。其中固定摆倾斜仪又可分为水平摆倾斜仪和垂直摆倾斜仪。

图 4-4 测斜仪实物图

图 4-5 倾斜仪实物图

倾斜仪适用范围：

（1）用于长期测量混凝土大坝、面板坝、土石坝等水工建筑物的倾斜变化量。

（2）用于工业与民用建筑、道路、桥梁、隧道、路基、土建基坑等的倾斜测量，并可方便实现倾斜测量的自动化。

4.1.1.6　位移计

位移计（如图 4-6 所示）包括单点位移计、多点位移计和基岩位移计等，其中最基本的为单点位移计，其他的都是由单点位移计加装配件组合而成，但功能和使用便捷性上各有优势。

（a）　　　　　　　　　　　　　　　　（b）

图 4-6　位移计实物图

（a）单点位移计；（b）多点位移计

单点位移计适用范围：

可用于铁路、水利大坝、公路、高层建筑等各种基础沉降测量。

多点位移计适用范围：

多点位移计（位移计组 3～6 支）适用于长期埋设在水工结构物或土坝、土堤、边坡、隧道等结构物内，测量结构物深层多部位的位移、沉降、应变、滑移等，可兼测钻孔位置的温度。

4.1.1.7　分层沉降仪

分层沉降仪（如图 4-7 所示）是一种地基的原位监测仪器，它可以和其他的一些仪器配合使用（例如高精度钻孔测斜仪），制成较为理想的监测仪器套件。

分层沉降仪适用范围：

基坑、堤防、隧道等地下各分层沉降量。可以根据测试数据变化，计算沉降趋势，分析其稳定性，监控施工过程等。

图 4-7　分层沉降仪实物图

4.1.2　裂缝及变形监测仪器

4.1.2.1　裂缝监测仪器

A　智能裂缝监测仪

智能裂缝监测仪（如图 4-8 所示）集裂缝传感器、温度传感器、测量仪和存储器于一体，使用方便快捷，拥有密封良好的仪器外壳，一经设置启动后无需人工干预。它的位移传感器可一次安装到不易到达的区域或高处的裂缝上，其测量或者记录的数据可采用电缆连接到接近地面或易于到达的位置，便于参数设置和实时数据的查看。

智能裂缝监测仪主要用于混凝土和砌体结构的裂缝监测，定点布置在高空以及不易接触到的结构裂缝位置上，长期监测裂缝的发展和变化。

B　裂缝宽度观测仪

裂缝宽度观测仪（如图4-9所示）采用电子成像技术，将被检测结构表面的裂缝原貌实时地显示在彩色屏幕上，便于观测，另外裂缝宽度可以通过自动识别、手动判别以及电子标尺人工判读来读取，分辨率高，测量的裂缝宽度还可以通过标准刻度版进行校准。

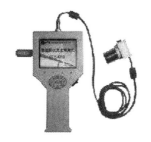

图4-8　智能裂缝监测仪实物图

图4-9　裂缝宽度观测仪实物图

裂缝宽度观测仪可广泛用于桥梁、隧道、墙体、混凝土路面、金属表面等裂缝宽度的定量监测。

C　裂缝深度观测仪

裂缝深度测试仪（如图4-10所示）是利用声波绕射的原理来实现裂缝深度测量。它是一款集测试、存储、传输于一体的智能型无损检测设备，使用方便，用途广泛。

裂缝深度观测仪主要用于测量房屋、桥梁、隧道、路面和坝体等混凝土结构的裂缝深度。

图4-10　裂缝深度观测仪实物图

4.1.2.2　变形监测仪器

变形的监测仪器因结构的不同而不同，通常情况下，使用经纬仪、水准仪和全站仪也能观测结构的变形，但对于一些特殊的变形，使用专门的仪器将会带来极大的方便和更高的精度，例如隧道的收敛变形，使用隧道收敛仪将会非常方便。在这里主要介绍收敛仪。

收敛仪的种类繁多，包括数显收敛仪（如图4-11所示）、数显隧道收敛仪、围岩收敛仪、断面变形收敛仪等。

收敛仪可广泛用于隧道收敛、围岩收敛、结构断面收敛等检测。

4.1.3　应力监测仪器

4.1.3.1　张拉应力测试仪

张拉应力测试仪（如图4-12所示）采用的是全自动反拉测试法。在测试锚下应力的过程中全程自动控制，自动加压，自动测读，自动记录。它能把在测试过程中由于一些人为因素所造成的误差降到最低，其测试结果精确度高，更能真实反映梁板锚下的实际张拉力。

图4-11　数显收敛仪实物图

图4-12　张拉应力测试仪实物图

张拉应力测试仪可用于桥梁、房屋等结构中预应力构件的应力以及锚索等构件的应力检测。

4.1.3.2　土压力盒

土压力盒（如图4-13所示）是一种结构特殊的振弦传感器，可减少侧向力的干扰，可直接用压力试验机进行加载标定，具有灵敏度高、精度高、稳定性好、价格相对便宜等优点，适用于长期观测。

图4-13　土压力盒实物图

土压力盒主要用于长期监测土堤、边坡、路基、挡土墙、建筑物等结构内部土体压应力。

4.2　穿越既有结构施工安全监测方法

4.2.1　位移及沉降监测方法

4.2.1.1　水平位移监测

测定特定方向上的水平位移时，可采用视准线法、小角度法、投点法等；测定监测点任意方向的水平位移时，可视监测点的分布情况，采用前方交会法、后方交会法、极坐标法等；当测点与基准点无法通视或距离较远时，可采用GPS测量法或三角、三边、边角测量与基准线法相结合的综合测量方法。

A 视准线法

在与建（构）筑物水平位移方向相垂直的方向上设立两个基准点，构成一条基准线，基准线一般通过或靠近被监测的建（构）筑物。在建（构）筑物上设立若干变形观测点，使其大致位于基准线上。如图 4-14 所示，A、B 为基准点，M_1、M_2、M_3 为变形点，用测距仪测定基准点至各变形点的距离。变形观测时，在基准点 A、B 上分别安置经纬仪和觇牌，经纬仪瞄准觇牌构成视准线，再瞄准横放于变形点上的尺子，读取变形点偏离视准线的距离（偏距）。从历次观测的偏距差中，可以计算水平位移的数值。

图 4-14 视准线法测量水平位移

B 小角度法

更精确的方法为用多测回观测变形点偏离视准线的小角度 β_i，按小角度和测站至变形点的距离 D_i 计算偏距 Δ_i，由于角度 β_i 一般很小，故可近似认为 $\Delta_i = \beta_i \times D_i$，因此，这种观测水平位移的视准线法又称为小角度法，如图 4-15 所示。

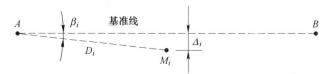

图 4-15 小角度法测量水平位移

C 前方交会法

在测定被穿越的既有建（构）筑物的水平位移时，可利用变形影响范围以外的控制点用前方交会法进行。

如图 4-16 所示，A、B 点为相互通视的控制点，P 为建筑上的位移观测点。仪器安置在 A 点，后视 B 点，前视 P 点，测得角 α；然后，仪器安置在 B 点，后视 A 点，前视 P 点，测得 β，通过内业计算求得 P 点坐标。

当 α、β 角值变化而 P 点坐标亦随之变化，再根据公式（4-1）计算其位移量 δ。

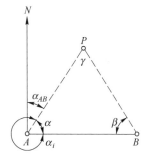

图 4-16 前方交会示意

$$\delta = \sqrt{(x_2 - x_1)^2 + (y_2 - y_1)^2} \tag{4-1}$$

4.2.1.2 沉降监测

沉降监测对于穿越既有结构施工来说至关重要，特别是对下穿既有结构，沉降的监测关系到整个工程的安全以及既有结构的安全，例如新修地铁隧道穿越既有线路、车站甚至古建筑等，都需要做好严格的沉降监测。通常情况下沉降监测可采用几何水准或液体静力水准等方法。

A　几何水准测量法

监测建筑物沉降就是在不受建筑物沉降影响的部位设置水准基点或起测基点，并在建筑物上布设适当的垂直位移标点。然后定期根据水准基点或起测基点用水准测量测定垂直位移标点处的高程变化，经计算求得该点的垂直位移值即为沉降量。垂直位移监测网可布设成闭合水准路线或附合水准路线，等级可划分为一等、二等。在高边坡、滑坡体处进行几何水准测量有困难时，可用全站仪测定三角高程的方法进行监测。

B　液体静力水准测量法

该方法亦称为连通管法，它是利用连通管液压相等的原理，将起测基点和各垂直位移测点用连通管连接，注水后即可获得一条水平的水面线，量出水面线与起测基点的高差，计算出水面线的高程，然后依次量出各垂直位移测点与水面线的高差，即可求得各测点的高程。该次观测时测点高程与初测高程的差值即为该测点的累计沉降量。

4.2.1.3 倾斜监测

穿越既有结构施工由于对既有结构地基土的扰动，常常会引起地基的不均匀沉降，进而导致既有结构发生倾斜，因此，在施工过程中需对既有结构的倾斜状况做好监测，避免严重后果的发生。

对于既有建筑结构的倾斜监测，常用的方法有投点法、前方交会法、激光铅直仪法、垂吊法、倾斜仪法和差异沉降法等。在做监测时，需根据现场条件选用合适的方法。

A　投点法

利用投点法测量建筑倾斜（见图 4-17）时，步骤如下：

（1）找出屋顶明显的 A' 点，用合适的仪器测出建筑物的高度 h。

（2）在点 A' 所在的两墙面底 BA、DA 延长线上，距离房子约 $1.5h$ 远的地方，分别定点 M 和 N。

（3）在点 M、N 上分别架设全站仪，照准点

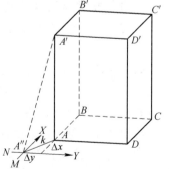

图 4-17　投点法倾斜监测图

A'，将其投影到水平面上，设其为 A''。

（4）测量 A'' 到墙角点 A 的距离 k 及在 BA、DA 延长线的位移分量 Δx、Δy。

由此可计算出倾斜方向角：

$$\alpha = \arctan \frac{\Delta y}{\Delta x} \qquad (4\text{-}2)$$

倾斜度：

$$i = \frac{k}{h} \qquad (4\text{-}3)$$

B　激光铅直仪法

在欲进行倾斜监测建筑物的外侧架设激光铅直仪，如图 4-18 所示，设其距墙面 d_0。通过激光铅直仪向上或向下发射一条激光铅直直线，在观测点处设置接收靶，量取接收靶上激光点到墙面的水平距离 d_1，再量取激光铅直仪到激光接收靶的高度为 h，则监测墙面的倾斜度为：

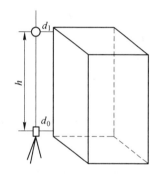

$$i = \frac{d_1 - d_0}{h} \qquad (4\text{-}4)$$

可以看出，这种方法只适合表面规整垂直的建筑物。

图 4-18　激光铅直仪倾斜监测

C　前方交会法

穿越既有结构施工过程中，对于周围一定范围内的高耸建筑物，由于其对地基不均匀沉降很敏感，即使很小的沉降差也会造成很大的倾斜量，因此，即使工程本身没有穿越这类建（构）筑物，也要对它们进行倾斜监测。其中大多数这类建（构）筑物可以利用投点法和激光铅直仪法，而对于塔式建（构）筑物，例如烟囱，利用前方交会法更为方便（见图 4-19），步骤如下：

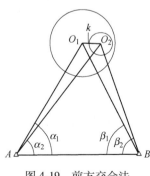

（1）在距离烟囱高 1.5 倍左右远距离处设定工作基点 A、B。

（2）在 A 点架设经纬仪，量取仪高 m，瞄准烟囱底部一侧的切点，读取方向值和天顶距；再瞄准烟囱底部另一侧的切点，读取方向值和天顶距，两方向值的平均数即为烟囱底部中心的方向值；从而可以测得 A 点到烟囱底部中心和到 B 点的方向线夹角 α_1 以及仪器瞄准底部一侧切点时视线的天顶距 z_1；采取同样的方法，测得 A 点到烟囱顶部中心和到 B 点的方向线夹角 α_2 和仪器瞄准顶部一侧切点时视线的天顶距 z_2。

图 4-19　前方交会法

（3）在 B 点架设经纬仪，采取步骤（2）的同样方法，测得图 4-19 中的 β_1、β_2，在 B 点的观测，应保证和在 A 点的观测所切的切点同高。

（4）利用前方交会法，求得烟囱底部中心 $O_1(x_1、y_1)$、烟囱顶部中心 $O_2(x_2、y_2)$。

（5）计算烟囱偏移量：

x 方向偏移量：$\qquad\qquad\Delta x = x_2 - x_1$

y 方向偏移量：$\qquad\qquad\Delta y = y_2 - y_1$

倾斜量：

$$k = \sqrt{\Delta x^2 + \Delta y^2} \qquad\qquad (4\text{-}5)$$

（6）利用计算得到的烟囱底部中心 O_1 坐标、基点 A 的坐标、仪器高 m 及在 A 点观测时仪器瞄准顶部一侧切点时视线的天顶距 z_2，可计算烟囱高度 h，则烟囱倾斜度为：

$$i = \frac{k}{h} \qquad\qquad (4\text{-}6)$$

烟囱的倾斜方位可由烟囱底部中心 O_1、烟囱顶部中心 O_2 的坐标，按坐标反算公式得到。

4.2.2　裂缝及变形监测方法

在穿越既有结构施工过程中，裂缝和变形的进一步发展给工程带来了很大的风险，通过采取适当的监测方法，可以实时掌握裂缝和变形的发展情况，为及时采取控制措施赢得必要时间。对于裂缝监测，应监测裂缝的位置、走向、长度、宽度，必要时还应监测裂缝深度；而对于变形监测，主要监测其变形量和位置。

4.2.2.1　裂缝宽度监测

裂缝宽度监测宜在裂缝两侧贴埋标志，用千分尺或游标卡尺等直接量测，也可用裂缝计、粘贴安装千分表量测或摄影量测等。

监测裂缝时，根据裂缝分布情况选择其代表性的位置，在裂缝两侧设置监测标志，如图 4-20（a）所示。对于较大的裂缝，应在裂缝最宽处及裂缝末端各布设一对监测标志，两侧标志的连线与裂缝走向大致垂直，用直尺、游标卡尺或其他量具定期测量两侧标志间的距离，同时测量建（构）筑物表面上裂缝的长度并记录测量日期。标志间距的增量代表裂缝宽度的增量。如图 4-20（b）所示，在裂缝两侧设置金属片标志，在标志上画一条竖线，若竖线错开，则表明裂缝在扩大。

对于宽度不大的细长裂缝，也可以在裂缝处画一条跨越且垂直于裂缝的横线，定期直接在横线处测量裂缝的宽度。还可以在裂缝及两侧抹一层长约 20cm、宽度为 4~5cm 的石膏进行定期监测，如果石膏开裂，则表示裂缝在继续扩大。

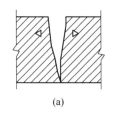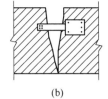

(a)　　　　　　　　(b)

图 4-20　裂缝监测标志

4.2.2.2　裂缝长度监测

裂缝长度监测宜在裂缝两端的末端设置明显的标志，例如在两端用彩笔标记位置等，再使用细线大致描绘出裂缝走势，然后通过量取细线长度即可知道裂缝的长度，待下次测量时，若裂缝末端超过上一次的标记，则说明裂缝有所发展，通过测量其超出的长度即可知道裂缝长度的增量。

4.2.2.3　裂缝深度监测

裂缝深度监测宜采用凿除法、超声波法等。

凿除法就是预先准备易于渗入裂缝的彩色溶液如墨水等，灌入细小裂缝中，若裂缝走向是垂直的，可用针筒打入，待其干燥或用电吹风加热吹干后，从裂缝的一侧将混凝土渐渐凿除，露出裂缝另一侧，观察是否留有溶液痕迹（颜色）以判断裂缝的深度。这种方法适用于裂缝发展部位开凿影响不大的结构。

超声波法：常用裂缝测深仪进行监测，该仪器采用超声波衍射（绕射）原理的单面平测法，对混凝土结构裂缝深度进行监测。仪器有自动测试和手动测试两种方法，手动测试方法操作简单，容易掌握，是常用的测试方法。

自动检测方法分 3 步完成裂缝深度的测试工作：

（1）不跨缝测试，得到构件的平测声速。该步要求在构件的完好处（平整平面内，无裂缝）测量一组特定测距的数据，并记录每个测距下的声参量，通过该组测距及对应的声参量，计算出超声波在该构件下的传输速度。

如图 4-21（a）所示，在构件的完好处分别测量测距为 L_0、L_1、L_2 以及 L_3 时的声参量，计算出被测构件混凝土的波速。条件允许时，尽量进行不跨缝数据测试，以获得准确的声速和修正值。当不具备不跨缝测试条件时，可以直接输入声速。需要指出的是，声速是对应于构件而非裂缝，无需在测量每个裂缝时都测量声速，在同一个构件下，只测量一次声速即可。

（2）跨缝测试，得到一组测距及相应的声参量。图 4-21（b）所示为跨缝测试示意图，测量一组与测距 L_0、L_1、L_2 等相对应的超声波在混凝土中的声参量，为第三步的计算准备数据。该组测距在测量前设定，用初始测距 L_0 累加测距调整量 ΔL 来得到。

（3）计算裂缝深度。手动检测方法根据波形相位发生变化时测距和裂缝深

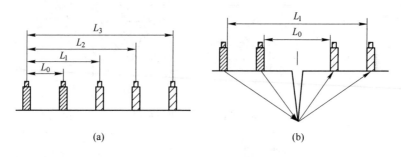

图 4-21 裂缝测深仪自动测试示意图

度之间的关系而得到缝深。其首要目的就是寻找波形相位变化点，如图 4-22 所示，从（a）到（b）再到（c）缓慢移动换能器的过程中就会出现波形相位变化的现象。移动过程中只要发现波形相位发生跳变（图 4-22(b)），立即停止移动，记录当前的位置并输入到仪器，即可得到缝深。

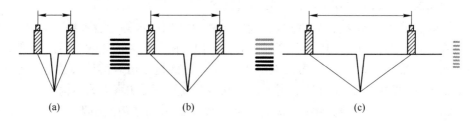

图 4-22 裂缝测深仪手动测试示意图
（a）测距较小；（b）临界点附近；（c）测距较大

4.2.2.4 隧道收敛变形监测

隧道收敛变形监测常用的监测仪器为收敛计，一般精度要求 0.06mm。对隧道进行收敛监测，必须在隧道施工时进行测点埋设。

安装测点时，在被测结构面用凿岩机或人工方法钻孔径为 40～80mm 深 20mm 的孔，在孔中填塞水泥砂浆后插入收敛预埋件，尽量使两预埋件轴线在基线方向上并使销孔轴线处于垂直位置，上好保护帽，待砂浆凝固后即可进行量测。收敛预埋件形状如图 4-23 所示。

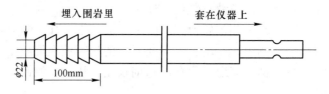

图 4-23 收敛预埋件示意图

每次观测结束后，都要进行收敛值计算。初次量测在钢尺上选择一个适当孔位，将钢尺套在尺架的固定螺杆上。孔位应选择在能使钢尺张紧时与百分表（或数显表）顶端接触且读数在 $0 \sim 25mm$ 的范围内。拧紧钢尺，压紧螺帽，并记下钢尺孔位读数。再次量测，按前次钢尺孔位，将钢尺固定在支架的螺杆上，按上述相同程序操作，测得观测值 R_n。按下式计算净空变化值：

$$U_n = R_n - R_{n-1} \tag{4-7}$$

式中　U_n——第 n 次量测的净空变形值；

　　　R_n——第 n 次量测时的观测值；

　　　R_{n-1}——第 $n-1$ 次量测时的观测值。

计算完成后，对数据进行分析处理。首先做出时间-位移及距离-位移散点图，对各量测断面内的测线进行回归分析，并用收敛量测结果判断隧道的稳定性，如果收敛值过大，应改善周围岩体或土体的稳定性，改变开挖方法或改变凿岩爆破参数及一次爆破的规模，尽量减小开挖对周围岩（土）体的扰动；加强支护；或采取以上几种方法进行综合处理，以确保其收敛值在规范允许的范围内。

4.2.3　应力及地下水位监测方法

4.2.3.1　支护结构内力监测

支护结构内力可采用安装在结构内部或表面的应变计或应力计进行量测。混凝土构件可采用钢筋应力计或混凝土应变计等量测；钢构件可采用轴力计或应变计等量测。

A　基本原理

穿越既有结构工程中的支护结构内力监测主要包括围护结构应力监测、支撑体系应力监测以及既有结构内力监测等，一般采用钢筋应力计、应变计及频率接收仪进行测量，通常在具有代表性位置的钢筋混凝土支护桩体或地下连续墙的主受力筋上布设钢筋应力计或应变计，监测支护结构在基坑开挖和降水过程中的应力变化，从而反映支护结构基本的受力状态。其基本原理是利用钢弦式钢筋应力计或混凝土应变计自振频率的变化反应钢筋或混凝土所受拉压应力的大小，以求得钢筋混凝土构件受力情况。常用内力监测仪器如图 4-24 所示。

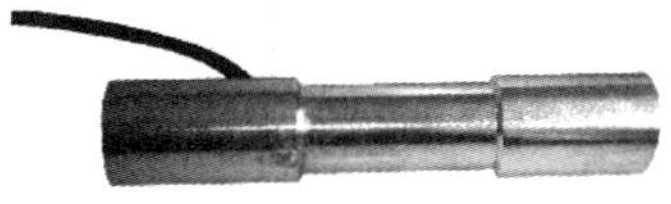

该应力计在钢筋混凝土支撑上一般布置在四角处主筋上，采用焊接（钢筋计要求采用焊接）或绑扎的方式。测量时，采用频率接收仪

图 4-24　钢弦式钢筋应力计

测得钢筋计自振频率，通过计算可得出钢筋计应力，其计算公式为：

$$\sigma_s = \frac{k_0(f_1^2 - f_0^2)}{S} \tag{4-8}$$

式中 σ_s——实测钢筋计应力，MPa；

k_0——标定系数，N/Hz^2；

f_0——应力计初始频率，Hz；

f_1——应力计测试频率，Hz；

S——应力计截面积，mm^2。

B   支撑结构内力监测

穿越既有结构工程中的支撑结构主要有钢支撑和钢筋混凝土支撑以及钢格构柱竖向支撑等，一般对于钢支撑可在端头安装轴力计（串联）直接通过轴力计量测出钢支撑所受轴力大小，格构柱内力通过在结构表面焊接钢弦式表面应变计，用频率计或应变仪测读，根据构件截面积和平均应变计算得出。

钢筋混凝土支撑构件在施工过程中主要承受轴向压力，并且随支撑下方土体开挖而逐渐增大，土体开挖完成后逐渐稳定，利用钢筋混凝土构件在受力过程中钢筋与混凝土协调变形原理，根据所测钢筋计应力求得钢筋混凝土支撑轴力：

$$N = \varepsilon(A_c E_c + A_s E_s) = \frac{\sigma_s}{E_s}(A_c E_c + A_s E_s) \tag{4-9}$$

支撑所承受实测弯矩：

$$M = \frac{1}{2}(\bar{p}_1 - \bar{p}_2)\left(n + \frac{bhE_c}{6E_s A_s}\right)h \tag{4-10}$$

式中 σ_s——实测钢筋计应力，MPa；

E_c，E_s——混凝土和钢筋的弹性模量，MPa；

A_s——混凝土和钢筋的面积，mm^2；

ε——混凝土和钢筋的微应变；

$\bar{p}_1$，$\bar{p}_2$——混凝土结构两对边受力主筋实测拉压力平均值；

n——埋设钢筋计的那一层钢筋的受力主筋总根数；

b——支撑宽度；

h——支撑高度。

C   围护桩（墙）内力监测

围护结构内力监测断面一般选在结构中出现弯矩极值的部位，在平面上，可选择围护结构位于两支撑的跨中位置、开挖深度较大以及水土压力或地面超载较大的地方；在立面上，可选在支撑处和每层支撑的中间，此处往往发生极大负弯矩和极大正弯矩。另外，沿深度方向宜在地连墙迎土面和背土面相同深度处成组布置，以监测该截面内外两侧钢筋受力状况。

基坑围护结构在外力作用下沿深度方向的弯矩：

$$M = \frac{1000h}{t}\left(1 + \frac{tE_c}{6E_sA_s}h\right)\frac{\bar{p}_1 - \bar{p}_2}{2} \tag{4-11}$$

式中　E_c，E_s——混凝土和钢筋的弹性模量，MPa；

　　　A_s——钢筋的面积，mm^2；

　　　h——地下连续墙厚度；

　　　t——受力主筋间距；

$\bar{p}_1$，$\bar{p}_2$——混凝土结构两对边受力主筋实测拉压力平均值。

4.2.3.2　土压力监测

土压力宜采用土压力计量测。土压力仪又称土压力盒，同钢筋计一样，亦分为振弦式和电阻应变式两种，接收仪分别是频率仪和电阻应变仪。构造和工作原理与钢筋计基本相同，图 4-25 所示为应变式土压力仪。它一侧有一个与土相接触的面，该面受力时引起钢弦振动或应变片变形，由这种变化即可测出土压力的大小。钢弦或应变片

图 4-25　应变式土压力仪

灵敏程度越高，则可感应土压力的精度越高。在使用时通过数显频率仪测读、记录土压力计频率即可测算土压力。

A　土压力盒的埋设方法

土压力传感器在围护结构迎土面上的安装是现场监测中的难题，压力盒通常会遭到不同程度的损害和破坏，无法获得可靠的数据。造成埋设失败的原因较多，例如在地下墙、钻孔灌注桩等围护结构施工时，都是先成槽或成孔，然后在泥浆护壁情况下设置钢筋笼并浇注水下混凝土；而土压力传感器随钢筋笼下入槽孔，所以其面向土层的表面钢膜很容易被混凝土材料包裹，混凝土凝固后，水土压力很难由压力传感器所感应和接收，造成埋设失败。目前工程实践中较为常用的埋设方法及特点见表 4-3。

表 4-3　压力传感器埋设方法及特点

序号	埋设方法	特　点
1	挂布法	方法可靠，埋设元件成活率高。缺点在于所需材料和工作量大，由于大面积铺设很可能改变量测槽段或桩体的摩擦效应，影响结构受力。此法更适用于地下连续墙施工的监测

序号	埋设方法	特　点
2	顶入法	顶入法操作简便，效果理想，但需将千斤顶埋入桩墙，加上气、液压驱动管道，投入成本较高
3	弹入法	压力盒具有较高的成活率，基本上未出现钢膜被砂浆包裹的情况。 弹入法的关键在于必须保证弹入装置具备足够的量程，保证压力盒抵达槽壁土层，同时需与地墙施工单位密切配合，在限位插销拔除诸方面做到万无一失
4	插入法	此法用于入土深度不大的柔性挡土支护结构
5	钻孔法	测读到的主动土压力值偏大，被动土压力值偏小。因此在成果资料整理时应予以注意。 钻孔法埋设测试元件工程适应性强，特别适用于预制打入式排桩结构
6	埋置法	基底反力或地下室侧墙的回填土压力可用埋置法。所测数据与围护墙上实际作用的土压力有一定差别

B　土压力的计算方法

土压力计算式如下：

$$p = k(f_i^2 - f_0^2) \tag{4-12}$$

式中　p——土压力，kPa；

　　　k——标定系数，kPa/Hz^2；

　　　f_i——测定频率；

　　　f_0——初始频率。

4.2.3.3　孔隙水压力监测

土体运动的前兆是孔隙水压力，如隧道开挖引起的地表沉降、基坑变形等都与孔隙水压力变化有着密切的关系。因此，必要时进行孔隙水压力监测，可以为穿越既有结构工程施工中的基坑开挖、隧道掘进等提供依据，确保施工安全。

孔隙水压力宜通过埋设钢弦式或应变式等孔隙水压力计测试，钢弦式孔隙水压力计如图4-26所示。

孔隙水压力观测点的布置的一般原则是将多个仪器分别埋于不同观测点的不同深度处，形成一个观测剖面以观测孔隙水压力的空间分布。

埋设仪器可采用钻孔法或压入法。以钻孔法为主，压入法只适用于软土层。用钻孔法时，先于孔底填少量砂，置入测头之后再在其周围

图4-26　钢弦式孔隙水压力计

和上部填砂，最后用膨胀黏土球将钻孔全部严密封好。由于两种方法都不可避免地会改变土体中应力和孔隙水压力的平衡条件，需要一定时间才能使这种改变恢复到原来状态，所以应提前埋设仪器。观测时，测点的孔隙水压力应按下式求出：

$$u = \gamma_w h + p \qquad (4-13)$$

式中　γ_w——水的重度；

　　　h——观测点与测压计基准面之间的高差；

　　　p——测压计读数。

4.2.3.4　地下水位监测

地下水位监测宜通过孔内设置水位管，采用水位计（见图4-27）进行量测。

地下水位监测主要是用来观测地下水位及其变化，通过测量基坑内、外地下水位在基坑降水和基坑开挖过程中的变化情况，了解其对周边环境的影响。基坑外地下水水位监测包括潜水水位和承压水水位监测。

A　水位管埋设

水位管埋设方法：用钻机成孔至要求深度后清孔，然后在孔内放入管底加盖的水位管，水位管与孔壁间用干净细砂填实至离地表约0.5m处，再用黏土封填，以防地表水流入。水位管应高出地面约200mm，孔口用盖子盖好，并做好观测井的保护装置，防止地表水进入孔内。

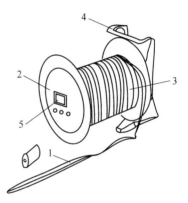

图 4-27　电测水位计结构示意图
1—测头；2—绕线盘；3—电缆；
4—支架；5—电压表

承压水水位管埋设尚应注意水位管的滤管段必须设置在承压水土层中，并且被测含水层与其他含水层间应采取有效隔水措施，一般用膨润土球封至孔口。

B　监测数据与分析

水位管埋设后，应逐日连续量测水位并取得稳定初始值，监测值精度为±10mm。特别需要注意的是，初值的测定宜在开工前2~3d进行，遇雨天，应在雨后1~2d测定，以减少外界因素影响。根据监测数据可绘制水位变化时程曲线。

实践表明，水位孔用于渗透系数大于10^{-4}cm/s的土层中，效果良好，用于渗透系数在$10^{-4} \sim 10^{-6}$cm/s之间的土层中，要考虑滞后效应的作用。用于渗透系数小于10^{-6}cm/s的土层中，其数据仅作参考。

4.3 穿越既有结构施工安全监测方案

4.3.1 安全监测项选择

4.3.1.1 下穿既有结构监测项的选择

在下穿不同的既有建（构）筑物时，由于不同的既有建（构）筑物对应力、应变、沉降和位移等的变化敏感度不同，因此在其对应的穿越工程项目施工时，监测项因既有建（构）筑物的不同而各有侧重。表 4-4 为下穿不同既有结构对应的检测项。

表 4-4 下穿既有结构施工安全监测方案监测项选择表

监测项目	穿越类型	既有建筑	既有地铁和铁路	既有公路	既有桥梁	既有河道	既有地下管廊
既有结构	裂缝	☑	☑	☑	☑		☑
	倾斜	☑			☑		
	沉降	☑	☑	☑	☑	☑	☑
	水平位移	☑	☑	✓	☑	✓	☑
	收敛变形		☑				☑
	主要承重构件应力	☑	☑		☑		☑
周围环境	土体侧压力	☑	☑	✓	☑	✓	☑
	土体竖向压力	☑	☑	☑	☑	☑	☑
	地下水位	☑	☑	☑	☑	☑	☑
	孔隙水压力	☑	☑	☑	☑	☑	☑
	土体沉降	☑	☑	☑	☑	☑	☑
	土体水平位移	☑	☑	☑	☑	☑	☑
	气温	✓	✓	✓	✓	✓	✓
	湿度	✓	✓	✓	✓	✓	✓
施工支护体系	侧向变形	☑	☑	☑	☑	☑	☑
	竖向变形	☑	☑	☑	☑	☑	☑
	主要构件应力	☑	☑	☑	☑	☑	☑

注：☑表示核心监测项，✓表示一般监测项，没有标注的表示可不监测项。

4.3.1.2 上穿既有结构监测项选择

在上穿既有结构工程施工过程中，对既有结构影响最大的往往不是既有结构的地基土应力变化，而是由于施工导致既有结构承担的荷载发生较大变化，这不仅限制了施工机械以及施工方案的选择，也使得影响施工安全的因素发生转变，因此，上穿既有结构施工安全监测项的选择也与其他工程存在很大差异。表4-5为上穿不同既有结构对应的监测项。

表4-5　上穿既有结构施工安全监测方案监测项选择表

监测项目	穿越类型	既有地铁隧道	既有地下管廊
既有结构	裂缝	☑	☑
	沉降	☑	☑
	水平位移	✓	✓
	收敛变形	☑	☑
	主要承重构件应力	☑	☑
周围环境	土体侧压力	☑	☑
	土体竖向压力	☑	☑
	地下水位	☑	☑
	孔隙水压力	☑	☑
	土体沉降	☑	☑
	土体水平位移	☑	☑
	气温	✓	✓
	湿度	✓	✓
施工支护体系	侧向变形	☑	☑
	竖向变形	☑	☑
	主要构件应力	☑	☑

注：☑表示核心监测项，✓表示一般监测项。

4.3.1.3 侧穿既有结构监测项选择

对于侧穿既有结构施工来说，由于施工区与既有建筑在竖直空间上没有重叠，且通常是在既有结构一侧穿过，对既有建（构）筑物的影响主要是通过地基土的应力传递，而这种应力的传递主要是水平方向的，并且对于既有结构来说，这种应力是非对称的。因此，与非对称的应力相关的土体侧压力、地基不均匀沉降以及水平位移等是侧穿既有结构施工安全监测的核心项。表4-6为侧穿既有结构施工监测项选择表。

表 4-6 侧穿既有结构施工安全监测方案监测项选择表

	穿越类型 监测项目	既有 建筑	既有地 铁和铁路	既有 公路	既有 桥墩	既有 河道	既有地 下管廊
既有结构	裂缝	☑	☑				☑
	倾斜	☑			☑		
	沉降	☑	☑	☑	☑	☑	☑
	水平位移	☑	☑	✓	☑	✓	☑
	收敛变形		☑				☑
	主要承重构件应力	✓	☑		☑		☑
周围环境	土体侧压力	☑	☑	☑	☑	✓	☑
	土体竖向压力	✓	✓	✓	✓	✓	✓
	地下水位	☑	☑	☑	☑	☑	☑
	孔隙水压力	☑	☑	☑	☑	☑	☑
	土体沉降	☑	☑	☑	☑	☑	☑
	土体水平位移	☑	☑	☑	☑	☑	☑
	气温	✓	✓	✓	✓	✓	✓
	湿度	✓	✓	✓	✓	✓	✓
施工支护体系	侧向变形	☑	☑	☑	☑	☑	☑
	竖向变形	☑	☑	☑	☑	☑	☑
	主要构件应力	☑	☑	☑	☑	☑	☑

注：☑表示核心监测项，✓表示一般监测项，没有标注的表示可不监测项。

4.3.2 安全监测点布设

对于穿越既有结构施工来说，测点的布置应最大程度地反映监测对象的实际状态及其变化趋势，并应满足监控要求：监测点不能影响监测对象的正常工作，并尽量减少对施工作业的不利影响。监测标志应稳固、明显且结构合理，监测点的位置应避开障碍物，便于观测。加强对监测点的保护，必要时设置监测点的保护装置或保护设施。

4.3.2.1 既有结构监测点布置

A 既有建（构）筑物监测点布置

（1）既有建（构）筑物竖向位移监测点的布置应符合下列要求：

1）建（构）筑物四角，沿外墙每 10~15m 处或每隔 2~3 根柱基上，且每边不少于 3 个监测点。

2）不同地基或基础的分界处。

3）建（构）筑物不同结构的分界处。

4）变形缝、抗震缝或严重开裂处的两侧。

5）新、旧建筑物或高、低建筑物交接处的两侧。

（2）既有建（构）筑物的水平位移监测。建（构）筑物的水平位移监测点应布置在建筑物的墙角、柱基及裂缝的两端，每侧墙体的监测点不应少于 3 处。

（3）既有建（构）筑物倾斜监测。

1）监测点宜布置在建（构）筑物角点，变形缝或抗震缝两侧的承重柱或墙上。

2）监测点应沿主体顶部、底部对应布设，上、下监测点应布置在同一竖直线上。

3）当采用铅锤观测法，激光铅直仪观测法时，应保证上、下测点之间具有一定的通视条件。

B 既有地铁、铁路和公路监测点布置

根据穿越段的地质情况，一般选取两端超出穿越范围 30m 内的区间作为监测段，监测点的布置可按 5~25m 的范围设置，在变形较大的区间可加密监测点，对于岩性和土质变化的交界面处需设置监测点。

C 既有桥墩监测点布置

（1）倾斜监测时，桥墩的倾斜监测应在两个垂直方向进行，且每个方向上的监测点不少于 3 个。

（2）沉降监测点应布置在穿越段的每个桥墩上，且每个桥墩上对称布点数不少于两个；当不便在桥墩上布点时，可在盖梁或支座上方的梁板上布点。

D 既有河道监测点布置

对于穿越既有河道来说，由于河道本身对小变形不敏感，可只对周围土体监测即可。

E 既有地下管廊监测点布置

（1）应根据管线年份、类型、材料、尺寸及现状等情况，确定监测点设置。

（2）监测点宜布置在管线的节点、转角点和变形曲率较大的部位，监测点平面间距宜为 15~25m。

（3）上水、煤气、暖气等压力管线宜设置直接监测点，直接监测点应设置在管线上，也可以利用阀门开关，抽气孔以及检查井等管线设备作为监测点。

（4）在无法埋设直接监测点的部位，可利用埋设套管法设置监测点，也可采用模拟式测点将监测点设置在靠近管线埋深部位的土体中。

4.3.2.2 周围环境监测点布置

A 深层土体位移监测

土体分层竖向位移监测孔应布置在有代表性的部位，数量视具体情况确定，并形成监测剖面。同一监测孔的测点宜沿竖向布置在各层土内，数量与深度应根据具体情况确定，在厚度较大的土层中应适当加密。

深层水平位移监测应符合下列要求：

（1）测斜管应在穿越 1 周前埋设完毕。

（2）埋设前应检查测斜管质量，测斜管连接时应保证上、下管段的导槽相互对准顺畅，接头处应密封处理，并注意保证管口的封盖。

（3）测斜管长度应不小于所监测土层的深度，当以下部管端作为位移基准点时，应保证测斜管进入稳定土层 2~3m，测斜管与钻孔之间孔隙应填充密实。

（4）埋设时测斜管应保持竖直无扭转，其中一组导槽方向应与所需测量的方向一致。

（5）测斜仪应下入测斜管底 5~10min，待探头接近管内温度后再量测，每个监测方向均应进行正、反两次量测。

（6）当以上部管口作为深层水平位移相对基准点时，每次监测均应测定孔口坐标的变化。

B 地下水位监测

（1）地下水位监测精度不宜低于 10mm。

（2）水位管埋设后，应逐日连续观测水位并取得稳定初始值。

C 孔隙水压力监测

孔隙水压力计应在事前 2~3 周埋设，埋设前应符合下列要求：

（1）孔隙水压力计应浸泡饱和，排除透水石中的气泡。

（2）检查资料，记录探头编号，测读初始读数。

（3）采用钻孔法埋设孔隙水压力计时，钻孔直径宜为 110~130mm，不宜使用泥浆护壁成孔，钻孔应圆直、干净，封口材料宜采用直径 10~20mm 的干燥膨润土球。

（4）孔隙水压力计埋设后应测量初始值，且宜逐日量测 1 周以上并取得稳定初始值。

（5）应在孔隙水压力监测的同时测量孔隙水压力计埋设位置附近的地下水位。

D 土压力监测

埋设时应符合下列要求：

（1）受力面与所需监测的压力方向垂直并紧贴被监测对象。

（2）埋设过程中应有土压力膜保护措施。

（3）采用钻孔法埋设时，回填应均匀密实，且回填材料宜与周围岩土体一致。

（4）做好完整的埋设记录。

（5）土压力计埋设以后应立即进行检查测试，穿越前至少经过1周时间的监测并取得稳定初始值。

4.3.2.3 施工支护体系监测点布置

（1）侧向变形监测点布置。对于有立柱的支护体系，侧向变形监测点可设置在支护结构的中间，若支护结构顶部侧向变形的活动空间大且无侧向支撑点时，宜在其顶部同时设置侧向位移监测点。

（2）竖向变形监测点布置。对于支撑体系中设置有梁式结构的，竖向变形监测点应该设置在梁式结构的跨中，对于拱型支护体系，竖向变形可设置在起拱的最高点，另外对于支撑结构搭建的地面沉降大的，可在支撑结构的底端设置沉降监测点。

（3）应力监测。对于支撑体系中重要的支撑构件，可在其中部或其连接节点处设置应力监测点。

4.3.3 安全监测体系

在穿越既有结构施工过程中，需要对既有结构的地基土部分进行开挖或者改变既有结构的上部荷载状况，这就会导致周围土体压力、孔隙水压力、既有结构内力等产生变化，使得原有地基土区和既有结构的应力场平衡遭到破坏，引起土体的沉降和位移，对既有建（构）筑物的稳定性造成影响，另外还会给施工带来很多安全隐患。因此，只有在施工的同时对既有建（构）筑物、周围环境以及施工本身的重要安全项等进行全面的、系统的监测，才能满足工程的安全性和减小对周围环境的影响程度，在出现异常状况时及时反馈，并采取必要的工程应急措施。

一般情况下，穿越既有结构施工安全的监测体系组成如图4-28所示，通过对监测对象的监测项选择，再根据监测项的特点布置合适的监测点，之后安置监测仪器即可进行监测，根据监测仪器的不同，可以选择人工监测和自动监测，最后通过对监测数据的处理分析即可了解监测对象的安全状况，进一步把握整个穿越既有结构施工安全的状况，从而为施工做好安全保障。

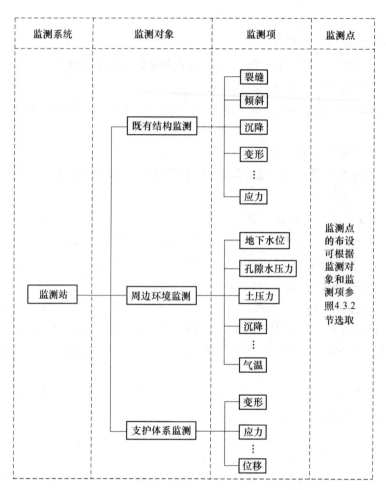

图 4-28　穿越既有结构施工安全监测体系示意图

5 穿越既有结构施工安全评价技术

5.1 穿越既有结构施工安全评价指标

5.1.1 施工安全评价指标概述

穿越既有结构施工安全评价指标是度量整个工程建设项目系统随着时间变化产生的信息，以数量说明其安全特征和安全属性。穿越既有结构施工安全评价指标体系则是指互相关联、互相制约的安全风险评价指标集合体。科学合理的安全风险评价指标体系是全面有效进行安全风险评价的重要前提条件之一，因此，指标的选择和相应体系的建立要求遵照科学性、系统性、代表性、可行性、定量定性结合原则。

5.1.1.1 评价指标体系确定程序

穿越既有结构施工安全评价指标体系确定程序如图 5-1 所示。

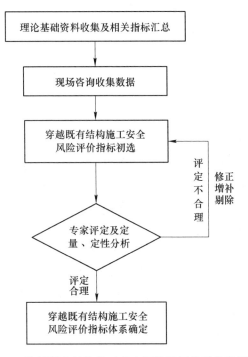

图 5-1 穿越既有结构施工安全评价指标体系确定程序

5.1.1.2　指标确定的依据

评价指标的来源及依据多种多样，必须都应能客观反映出穿越既有结构施工的风险因素。因此，一方面依照前文所述的施工安全风险因素进行筛选；另一方面根据现行标准中关于风险因素的条款以及相关规章制度。本书所参照的规范包括《地铁设计规范》（GB 50157—2013）；《铁路隧道设计规范》（TB 10003—2016）；《混凝土结构设计规范》（GB 50010—2015）；《建筑结构荷载规范》（GB 50009—2012）；《建筑地基基础设计规范》（GB 50007—2011）；《岩土工程勘察规范》（GB 50021—2017）；《建筑基坑支护技术规程》（JGJ 120—2012）；《地下工程防水技术规范》（GB 50108—2016）；《城市轨道交通地下工程建设风险管理规范》（GB 50652—2011）。

5.1.2　施工安全评价指标筛选

穿越既有结构施工安全风险因素繁多，对于一个穿越既有结构施工项目而言，在地域、环境、结构形式等条件约束下，评价指标在项目的不同阶段所涉及的风险控制内容与风险评价的重要性、关联程度、贡献值不同。因此，要对评价指标进行专门的研究，并在确定施工安全评价指标时应进行指标初选、有效性判别以及相关性分析。

（1）评价指标初选。影响穿越既有结构施工安全风险的因素众多，因此施工安全评价指标也较多。在指标体系确定之前，管理者应该立足具体项目初步选择指标。

初选指标来源于具体项目特征、施工方法、既有结构信息以及管理人员的施工经验。

（2）评价指标有效性判别。以初选指标为基础，分析指标之间的重要程度和离散程度，对各类指标的重要程度和离散程度做出判断。

对于指标的离散程度主要根据统计数据计算所得的变异系数进行分析，变异系数值越大，表明专家对该指标的意见分歧较大。一般来讲，对于赋值离散度较大的指标，其数据可信度不高，所以，在这种情况下，该指标需要被剔除。

（3）评价指标的相关性分析。在对评价指标进行重要性比选之后，考虑到相关性比较大的指标会导致信息重复，对评价结果有一定影响，所以需要进一步对指标进行相关性分析。根据评价指标间的相关系数与相应临界值的比较，保留两个指标间相对重要的，删除相对次要的指标。一般情况下，相关系数的检验是在给定的置信水平下进行的（按自由度和置信水平查出的值为相关性系数等于零的临界值），计算所得相关系数小于一定值时，认为两个指标间不存在显著相关性。

5.1.3 施工安全评价指标体系

按照技术与管理分类的原则,将穿越既有结构施工安全评价指标分为技术风险评价指标和管理风险评价指标。穿越施工方法众多,穿越对象也各有异同,因此穿越既有结构施工安全评价指标也可有多种分类。就某一穿越既有结构施工项目而言,其施工安全评价指标的组成应为多重评价指标的组合。基于现行规范、文献分析、专家访谈以及项目调研等,得出多种施工安全评价指标,并对评价指标逐一进行编号,形成评价指标集,在施工过程中只需对所需的指标进行调取,组合为穿越既有结构施工安全评价指标体系。

5.1.3.1 指标命名及选取原则

为在穿越既有结构施工安全评价指标体系建立时方便选取指标,制定指标命名及选取原则,指标命名规则见表5-1。

表5-1 指标命名规则

序 号	指标含义	指标符号	序 号	指标含义	指标符号
1	技术风险	T	6	管廊	PR
2	管理风险	M	7	铁路	R
3	施工方法	C	8	桥墩	P
4	建(构)筑物	E	9	公路	H
5	地铁	S	10	水工结构	HS

指标的命名应与施工类型、施工方法、既有结构类型等相结合,形成一个含义丰富的命名指标。

指标选择遵循按需选择、合理分类,与施工项目紧密结合,不多选、不漏选。

5.1.3.2 技术风险评价指标

技术风险评价指标又可分为穿越施工自身风险评价指标和既有结构安全风险评价指标。

A 新建工程施工安全评价指标

结合前文关于新建工程施工安全风险因素的分析,建立各类施工安全技术风险评价指标体系见表5-2~表5-4。

表 5-2 明挖法施工安全评价指标

目标层	一级指标	二级指标
明挖法施工安全风险	土方开挖（SA1）	土方开挖面覆盖（SA11）
		周边堆载（SA12）
		地质条件（SA13）
		放坡坡度设置（SA14）
		超挖量（SA15）
		基底隆起（SA16）
		基底地层强度（SA17）
		基底浸水（SA18）
	支撑体系（SA2）	支撑效果（SA21）
		支撑收缩或腐蚀（SA22）
		支撑拆除时间（SA23）
		支撑内力（SA24）
		脚手架间距（SA25）
	围护结构施工（SA3）	维护结构入土深度（SA31）
		围护桩侵入结构（SA32）
	钢筋混凝土工程施工（SA4）	钢筋连接紧固度（SA41）
		钢筋布置缺陷（SA42）
		模板工程缺陷（SA43）
		混凝土材料缺陷（SA44）
		混凝土强度（SA45）
		施工缝处理缺陷（SA46）
	地下水位（SA5）	降水速率（SA51）
		降水深度（SA52）

表 5-3 浅埋暗挖法施工安全评价指标

目标层	一级指标	二级指标
浅埋暗挖法施工安全风险	隧道开挖（SB1）	隧道特征（SB11）
		土层均匀程度（SB12）
		围岩强度（SB13）
		地下水情况（SB14）
		开挖方法（SB15）
		超挖量（SB16）
		断面变化处的处理方式（SB17）

目标层	一级指标	二级指标
浅埋暗挖法施工安全风险	初期支护（SB2）	支护时间（SB21）
		支护切合情况（SB22）
		初支加固处理（SB23）
		支护质量缺陷（SB24）
		支护拆除时间（SB25）
	二次衬砌（SB3）	二次衬砌质量缺陷（SB31）
		防水效果（SB32）
		结构破坏程度（SB33）

表 5-4 盾构法施工安全评价指标

目标层	一级指标	二级指标
盾构法施工安全风险	地质条件（SC1）	土层分布状况（SC11）
		特殊土层状况（SC12）
		既有地下管线、废弃基础状况（SC13）
		地下水分布状态（SC14）
		掘进层含水量（SC15）
		承压水状况（SC16）
	机械安全（SC2）	盾构机选型（SC21）
		掘进轴线偏离量（SC22）
		盾构机高负荷工作程度（SC23）
		运输装置状况（SC24）
		通风设施运行状况（SC25）
		盾构掘进参数设置合理性（SC26）
	施工工艺（SC3）	衬砌效果（SC31）
		注浆效果（SC32）
		土体加固、支护效果（SC33）
		管片防水效果（SC34）
		管片拼装完整程度（SC35）
		管片环面平整程度（SC36）

B 既有结构安全评价指标

在施工过程中，既有结构的安全状态受多重因素制约，是安全控制重点。本书将各类既有结构安全风险评价指标分为既有建（构）筑物、既有地下线性结构、既有地上线性结构安全风险评价指标，见表 5-5~表 5-8。

表 5-5 顶管法施工安全评价指标

目标层	一级指标	二级指标
顶管法施工安全评价	地质条件（SD1）	土层分布情况状况（SD11）
		土层加固状态（SD12）
		障碍物分布状况（SD13）
		工作坑稳定性（SD14）
	空气状况（SD2）	有毒气体含量（SD21）
		通风装置运行状况（SD22）
	施工工艺（SD3）	顶进参数设置合理性（SD31）
		顶进装置灵敏度（SD32）
		顶进速度（SD33）
		超挖量（SD34）
		接口连接紧密性（SD35）
		导轨偏差（SD36）
		顶管完整度（SD37）
		注浆时间（SD38）
		防水效果（SD39）

表 5-6 既有建（构）筑物安全风险评价指标

目标层	一级指标	二级指标
既有建（构）筑物安全风险评价	结构特征（EA1）	基础形式（EA11）
		结构形式（EA12）
		结构标高（EA13）
		结构平面布置（EA14）
		使用年限（EA15）
	场地特征（EA2）	地质条件（EA21）
		水文条件（EA22）
	周边环境（EA3）	周边建（构）筑物（EA31）
		周边基坑（EA32）
		既有地下建（构）筑物（EA33）
	新建结构（EA4）	结构类型（EA41）
		穿越类型（EA42）
		施工方法（EA43）

续表 5-6

目标层	一级指标	二级指标
既有建（构）筑物安全风险评价	施工影响（EA5）	不均匀沉降（EA51）
		弯曲损害（EA52）
		倾斜（EA53）
		结构裂缝（EA54）
		外观破损（EA55）
		地基浸水（EA56）

表 5-7　既有地下线性结构安全风险评价指标

目标层	一级指标	二级指标
既有地下线性结构安全风险评价	结构特征（SPR1）	结构形式（SPR11）
		使用年限（SPR12）
		强度等级（SPR13）
		埋深（SPR14）
		功能用途（SPR15）
	环境特征（SPR2）	地质条件（SPR21）
		水文条件（SPR22）
		临近既有地下结构（SPR23）
	新建结构（SPR3）	结构类型（SPR31）
		穿越类型（SPR32）
		施工方法（SPR33）
		穿越距离（SPR34）
	施工影响（SPR4）	倒塌（SPR41）
		结构不均匀沉降（隆起）（SPR42）
		结构水平变形位移（SPR43）
		结构开裂（SPR44）
		渗水（SPR45）
		管片破裂（S46）
		结构与道床脱离（S47）
		道床开裂（S48）
		轨道标高偏差（S49）

注：SPR 指地铁与管廊的共有评价指标；S 指地铁特有评价指标。

表 5-8 既有地上线性结构安全风险评价指标

目标层	一级指标	二级指标
既有地上线性结构安全风险	结构特征（RPHHS1）	结构形式（RPHHS11）
		使用年限（RPHHS12）
		强度等级（RPHHS13）
		使用要求（RPHHS14）
	环境特征（RPHHS2）	地质条件（RPHHS21）
		水文条件（RPHHS22）
		周边既有结构（RPHHS23）
	新建结构（RPHHS3）	结构类型（RPHHS31）
		穿越类型（RPHHS32）
		施工方法（RPHHS33）
		穿越距离（RPHHS34）
	施工影响（RPHHS4）	基础沉降（拱起）（RPHHS41）
		基础倾斜（RPHHS42）
		基础扭曲（RPHHS43）
		水平拉伸变形（RPHHS44）
		结构裂缝（RPHHS45）
		整体塌落（RPHHS46）
		路面裂缝（RPHHS47）
		轨道差异沉降（RPHHS48）
		轨间距偏移（RPHHS49）

注：RPHHS 指铁路、桥梁、公路、水工结构所共有的评价指标。

5.1.3.3 施工安全管理风险评价指标

施工安全管理风险是所有穿越施工项目的共性风险。结合前文分析的穿越既有结构施工安全因素，本书最后优选确定出人员因素、机械设备因素、材料因素、环境因素、安全技术因素和组织管理因素作为一级指标构成穿越既有结构施工安全评价指标体系，见表5-9。

表 5-9 施工安全管理风险评价指标体系

目标层	一级指标	二级指标
穿越既有结构施工安全评价指标体系	人员风险（M1）	决策层安全素质与安全技术能力（M11）
		管理层安全素质与安全技术能力（M12）
		操作层安全素质与安全技术能力（M13）
		从业人员资格管理（M14）
		人员劳动防护管理（M15）
		人员健康状况（M16）
		安全教育考核（M17）
	机械设备风险（M2）	设备选择的合理性（M21）
		大型施工机械、设备安全控制（M22）
		常用机械设备安全管理（M23）
		设备操作熟悉程度（M24）
		设备受损情况（M25）
		设备的维护与保养（M26）
	材料风险（M3）	材料的选取（M31）
		材料强度（M32）
		材料场内运转装卸（M33）
		材料进场质量验收（M34）
		材料的存储与保护（M35）
	环境风险（M4）	地质条件（M41）
		气象条件（M42）
		既有结构安全现状（M43）
		施工现场环境（M44）
	安全技术风险（M5）	施工方案（M51）
		穿越施工工艺（M52）
		安全技术法规标准及操作流程（M53）
		既有结构安全控制措施（M54）
		穿越施工安全控制措施（M55）
		安全技术交底（M56）
		施工安全监控（M57）
	组织管理风险（M6）	安全生产管理的建立（M61）
		安全生产资金保障制度及执行（M62）
		安全教育培训制度及执行（M63）

目标层	一级指标	二级指标
穿越既有结构施工安全评价指标体系	组织管理风险（M6）	安全检查制度及执行（M64）
		安全生产规章制度完善情况（M65）
		安全绩效考核（M66）
		危险源管控（M67）
		事故应急预案及演练（M68）

5.1.3.4 指标选择举例

某一新建隧道下穿既有建筑，下穿部分隧道使用盾构法施工，既有建筑为两栋七层钢筋混凝土住宅。根据前文所选择指标，建立施工安全评价指标体系如图5-2所示。

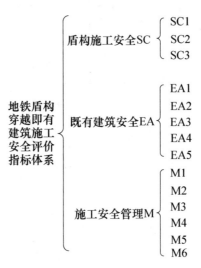

图5-2 穿越既有结构施工安全评价指标体系举例

5.2 穿越既有结构施工安全评价模型

5.2.1 施工安全评价方法

风险评价方法从性质上来看主要分为定量评价、定性评价和两者结合评价。定性评价是凭借管理人员或专家的经验，参考惯例及规范，确定评价对象的安全风险；定量评价是借助数学方法精确确定评价对象的安全风险。同一项目的不同评价指标具有差异性，且各个评价方法的特点和适用范围也不尽相同，因此在施工安全评价过程中需要选择合适的评价方法。本书通过大量文献分析，梳理出几种较为常用的安全风险评价方法，并进行对比分析，见表5-10。

表5-10 安全风险评价方法

评价方法	主要内容	优 点	缺 点
专家打分法	邀请专家根据自己的经验对事先准备好的风险调查表进行评价；同时确定各风险因素的权重；最后两者相乘的结果即为评价结果	操作简单，适用于缺乏具体数据资料的项目前期	对专家经验和决策者的意向依赖较大
德尔菲法	类似专家打分法，但各专家之间互不见面，通过反复函询专家和汇总专家意见得出评价结果	专家畅所欲言，避免了专家之间的相互影响	反复函询调查较为费时费力，易造成信息不对称
事故树分析法	根据以结果找原因的原则，以不期望的安全事故为分析目标，建立故障树，逐层演绎分析可能的风险因素，直到不能分解，并给出事故发生的概率	简明直观地寻找安全事故的发生原因，同时可检查系统中的防护措施是否妥当	费时费力，若演绎过程中发生遗漏或错误，难以保证结果的准确
层次分析法	根据分析对象性质及解决问题将其分解为各个组成因素，再按照因素间的关系再次分组，形成一个层层相连的结构，最终确定最低层相对最高层重要性权值并排序	评价过程中有定性分析，同时也有定量分析，适用于准则和目标较多问题的分析	主观性较强，且要求评价指标及相互关系具体明确
模糊综合评判	通过专家经验和历史数据模糊描述工程中的风险因素，依据各因素的重要性设置相应权重并计算其可能隶属度，通过建立的模型确定工程的风险水平	避免了一般数学方法出现的"唯一解"，对因素较多的复杂系统评价效果好	确定的因素权重主观性大，且存在指标信息重复现象
灰色综合评判	基于动态的观点，对影响评价对象的多数非线性或动态因素进行量化分析，并以分析的结果来客观反映因素之间的影响程度	适宜处理系统部分信息不明确的情况，适用于相关性大的系统	人工确定灰色问题白化函数导致评价能力有所限制
人工神经网络	以模仿人脑处理基本信息的方法来处理问题。相互连接的神经元集合不断地从环境中学习，捕获本质的线性和非线性的趋势，并预测包含噪声和部分信息的新情况	网络自适应能力强，能够处理非线性、非局域性、非凹凸性的大型复杂系统	需要大量数据样本，精度不高易造成结果难以收敛
支持向量机法	以统计学为基础的机器学习模型，用于处理分类和回归问题。通过不断地学习训练，获取变量之间的对应关系，进行预测和分类	很好地处理小样本问题，避免了"维数灾难"和局部极小问题	没有有效且明确选择合适的核函数的方法

穿越既有结构施工过程是一个工种工序多、立体交叉、影响因素较广泛的系统工程，一旦发生安全事故，不仅影响新建工程的安全，还影响既有结构、

线路的安全；安全问题是此类工程建设过程中时刻关注的问题，保证安全亦是此类工程的重要任务。但是，此类工程发生安全事故的样本数据相对较少，且对于此类工程的安全风险的研究主要集中于地下隧道方面的研究，没有较多的历史数据可以借鉴，而且定量分析此类工程的安全风险因素难度很大。在进行施工安全评价方法选择时要结合已建立的安全风险评价指标体系，综合考虑各方面情况。

5.2.2　施工安全评价指标权重

权重确定的方法有主观赋权法和客观赋权法，主观赋权法根据决策分析者对各指标的主观重视程度赋权，如专家调查法、层次分析法等；客观赋权法主要根据评价指标本身的相关关系和变异程度确定权数，如熵值法、主成分分析法等。

（1）主观赋权法。主观赋权法过于依赖决策者的主观判断，易受主观因素影响，而客观赋权法虽然避免了人为因素，但会受到指标样本随机误差的影响，单纯使用其中任意一种方法赋权都不能获得满意的赋权结果。综合赋权兼顾主、客观两类权重信息，既能充分利用客观信息，又能满足决策者的主观愿望。基于此，在穿越既有结构施工安全评价中采取组合权确定权重。

（2）客观赋权法。客观赋权法是出现较晚的一种赋权法，这种方法不具有主观随意性，指标权重完全取决于决策指标值和数学理论方法的应用，决策者的可参与性较差，计算量一般较大。

针对属性值是确定值的多属性决策，专家提出了许多适用方法，如离差赋权法、熵值赋权法、变异系数法、均方差法、主成分分析法、多目标规划赋权法、基于方案满意度法、基于方案贴近度法等。

对于某一指标的各样本观测值，数据差别越大，则该指标对系统的比较作用就越大，也就是说该项指标包含和传递的信息越大，因此赋予较高的权重。熵权理论的计算基础是样本观测值，是站在客观数据的角度为研究对象赋权。

还有一种客观权重，主要是消除各属性决策指标之间的相关性，通过分析其方差或相关关系得到权重。如主成分分析赋权法（PCA）、相关系数赋权法、CRITIC 赋权法等。这类权重因为是根据统计技术得来的，因此对样本数量有一定的要求。

（3）组合赋权法。主观赋权法和客观赋权法是确定属性权重的两类基本方法，每一类方法又根据不同的机理和方法产生了若干种方法，每一种方法考虑的侧重点不一样，体现了不同的指导思想。总的来说，主观赋权法所确定的属性权重体现了决策者的意向和经验判断，属性的相对重要程度一般不会违反人们的常识，但决策或评价结果具有较大的主观随意性，因此决策的准确性和可靠性稍差。客观赋权法存在赋权的客观标准，不依赖于人的主观判断，不增加决策分析者的负担，所确定的属性权重具有较强的数学理论依据。不过这种赋权方法依赖于实际的问题域，因而通用性和决策人的可参与性较差，计算方法大都比较繁琐，而且忽视了决策者的主观知识与经验等主观偏好信息，甚至有时会与各属性的实际重要程度相悖，解释性较差，对所得结果难以给出明确的解释。

从上可知，主客观赋权法均有一定的局限性。因此，针对主观赋权法和客观赋权法的优缺点，提出了组合赋权法。这类方法主要是将利用主观赋权法和客观赋权法计算出的主观权重和客观权重利用一定的算法相结合，如线性平均法。目前针对确定性多属性决策问题，利用组合赋权方法确定属性权重的应用正趋于完善与成熟。

目前研究中有多种组合权方式，其中最小离差组合权重能够精确反映主客观倾向。在分别计算出客观权重和主观权重的基础上，利用组合赋权法计算指标权重。

5.2.3 施工安全风险等级划分

穿越既有结构施工安全等级的确定与划分为制定穿越既有结构施工安全控制标准及防护、加固措施、施工方法选择、施工方案制定等提供依据。

施工期间发生的工程风险的概率大小、损失大小以及是否可以被接受，决定着不同的风险评估结论以及所要采取的安全控制措施。因此，必须根据相应的规范或者工程本身制定一套合理的风险损失与接受的评价标准。

风险发生的概率是指在施工中各类风险因素、风险事件发生的可能性，本书所建立指标体系采用定性和定量结合的方法，具体分级标准见表 5-11。

表 5-11　施工风险发生概率的等级标准

等级	事故频率描述	事故发生可能性的描述	事故发生的概率	相应估分值
一	罕有地	几乎不可能发生	$P<0.01\%$	1
二	难得地	不怎么可能发生	$0.01\%\leqslant P<0.1\%$	2
三	偶尔地	不太可能发生	$0.1\%\leqslant P<1\%$	3
四	可能地	有可能发生	$1\%\leqslant P<10\%$	4
五	频繁地	很可能发生	$P\geqslant10\%$	5

风险引起的损失是指在施工中风险因素、风险事件发生后对施工直接或间接的影响，一般按照损失形态分为人员损伤、经济损失和工期损失。具体的分级标准见表 5-12。

表 5-12 地铁施工风险损失的分级标准

损失等级	一	二	三	四	五
损失描述	损失轻微	损失不大	损失较大	损失严重	损失惨重
经济损失	$EL<10$	$10 \leqslant EL<50$	$50 \leqslant EL<300$	$300 \leqslant EL<1000$	$EL \geqslant 1000$
人员伤亡	$I<2$	$2 \leqslant I<5$	$5 \leqslant I<10$	$10 \leqslant I<30$	$I \geqslant 30$
		$F<2$	$2 \leqslant F<5$	$5 \leqslant F<10$	$F \geqslant 10$
延误时间	$T<0.1$	$0.1 \leqslant T<0.5$	$0.5 \leqslant T<3$	$3 \leqslant T<6$	$T \geqslant 6$
估分值	1	2	3	4	5

注：EL=经济损失（万元）；I=受伤人数；F=死亡人数；T=延误时间（月）。

风险评价的主要目的是判断风险对风险管理目标实现的威胁程度，而风险的不可控制性同样影响着风险管理目标的实现，对于风险不可控制性的分级标准见表 5-13。

表 5-13 风险不可控制性的等级标准

不可控制性等级	一	二	三	四
风险的不可控制性描述	容易控制	可以控制	较难控制	难以控制
相应估分值	1	2	3 .	4

风险决策是根据风险的水平进行判断，是否需要采取相应的控制措施来降低或转移风险。根据前文构建的风险分级标准，我们可以建立风险决策的准则，具体见表 5-14。

表 5-14 风险决策的准则

风险等级	风险决策准则
一	可以忽略，不必采取控制措施
二	可以接受，需要加强监督、管理
三	不期望，必须采取风险控制来降低风险
四	不能接受，需要停工排除或转移风险

5.3 既有结构施工安全控制标准

5.3.1 控制标准制定原则及程序

穿越既有结构施工，首先是要保证在施工期间既有结构本身的安全，但最终的管理目标是保证二者的使用安全。为了达到这一目标，一方面要依据各项穿越既有结构施工安全风险指标，这其中既包括了定量指标，也有定性指标。另一方面，对于既有结构，则必须首先界定出安全运营所需的各种控制指标值，即控制标准。在施工中以此为标尺，对各施工步序进行有效控制。

因此，穿越既有结构施工安全风险控制的第一步就是确定既有结构安全使用所需满足的控制指标和相应的控制值。

5.3.1.1 控制标准制定原则

（1）遵循分区、分步、分级的原则对既有结构承载力和安全状况进行判定，可以以结构变形缝为分界线，并结合不同的结构形式，分别建立相应的计算模型，进行验算和判定。为做到有效控制，对于变形控制总指标，特别是对于结构的变形控制标准应结合施工工序。

（2）控制基准值必须在监控量测工作实施前，由建设、设计、监理、施工、市政、监控量测等有关部门，根据当地水文地质、地下地上结构特点共同商定，列入监控量测方案。

（3）有关结构控制标准值应满足结构设计计算中对强度和刚度的要求，一般应小于或等于设计值。

（4）对于仍在使用的既有结构应遵循利于养护维护、维修可用的原则。例如轨道结构变形允许极限值主要取决于其养护维修条件和扣件类型。轨道结构的累计变形控制值可定义为通过增加扣件零部件种类和调高垫板等方法能使钢轨方向和轨面标高基本复原的值。

（5）有关环境保护的控制标准值，应考虑保护对象，由主管部门实事求是地研究提出确保安全和正常使用的要求值，即科学、理性的安全值。

（6）控制标准值应具有工程施工可行性，在满足安全的前提下，应考虑提高施工速度和减少施工费用。

（7）控制标准值应有利于补充和完善现行的相关设计、施工法规、规范和规程。

（8）对一些目前尚未明确规定的控制标准值的监控量测项目，可参照国内外相似工程的监控量测资料确定其控制值。在监控量测实施过程中，当某一监控量测值超过基准值时，除了及时报警外，还应结合工程实际、变位速率等因素，与有关部门共同研究分析，必要时可对控制值进行调整。

5.3.1.2 制定程序

控制标准的制定程序如图5-3所示。

（1）确定控制对象。针对不同类型的穿越既有结构施工，在施工的过程中，其控制对象也有较大的差别。如高速公路下穿铁路施工过程中，主要控制对象是铁轨及铁路路基。控制对象的选择也与穿越对象存在较大的关联。

（2）选择关键控制点。关键控制点的选择受诸多因素的影响。穿越结构施工类型不同，其关键控制点亦不相同。关键控制点因施工方法、施工顺序、施工季节等的影响，在不同的施工环节、施工阶段，关键控制点也会发生变化。因此关键控制点的选择是动态变化的。

（3）制定控制标准。控制标准的制定需要同控制对象、关键控制点相结合，一方面要依据国家现有标准、技术指导等，综合不同的指标极限值，按照小值优先的原则，给出破坏极限值，考虑一定的安全储备系数后给出控制标准；另一方面要根据现场实际情况制定出符合施工现状的控制标准，结合类似工程经验，根据施工要求调整控制标准，得到控制标准最终值。

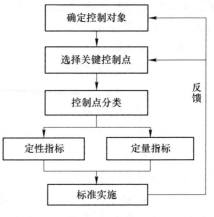

图 5-3　控制标准制定程序

控制标准可以在经验和统计的基础上加以制定。控制标准的确定主要依据实测统计资料、施工经验及常规穿越施工标准给出。标准以允许变形值为上限，同时应考虑变形持续的特点，并本着严格管理、给控制措施留出时间的原则给出。

5.3.2　既有结构安全控制标准制定方法

5.3.2.1　基于结构承载能力变形控制

尽管我国相关规范已对不同结构的变形控制值作了相关规定，但大多数控制值均为建议值，在制定具体结构变形控制标准时，可将其作为参考，而不宜直接照搬、套用。因此，研究制定能反映具体结构特点的变形控制标准是很有必要的。

为了求出变形控制值，在既有结构位移的基础上，根据结构类型，以及二者相对位置，得出既有结构的最大差异沉降量，根据最大差异沉降量与结构最大倾斜值、极限拉应变或极限剪应变之间的关系，得到由既有结构承载能力控制的变形限值。

5.3.2.2　基于损伤评估的既有结构安全控制

既有结构不仅受到水文地质环境、大气环境的影响，还受到使用性质的影响。既有结构其材料、结构等存在不同程度的损伤，产生了不同的病害形式。

结构损伤的形式通常为混凝土表面损伤、混凝土碳化、强度衰减、结构裂缝、钢筋锈蚀等。

基于损伤评估的既有结构变形控制标准的确定，应该结合既有结构详细的检测结果进行，即采用规范化的数据处理方法对其劣化程度或整体状况进行定量化的表达，再将评价结果与数值计算结果进行结合分析，最后在考虑一定安全富余的基础上确定既有结构的变形控制标准。

5.3.3 既有结构安全控制标准内容

穿越施工对象不同，安全技术控制标准则也有差异，针对前文得到的风险评价指标，设置相应的风险控制标准，以便在施工过程中以风险控制标准进行指标监测，并采取风险应对措施，从而避免风险事故的发生。

5.3.3.1 既有建（构）筑物竖向位移控制标准

建筑物允许的竖向位移累计值与建筑物类型、建筑物的平面尺寸、建筑物的荷载作用形式等因素有关。以大刚度建筑为例，大刚度建筑的变形控制指标为最大倾斜值，且在保证建筑物不发生破坏的情况下，要求最大倾斜值控制在 0.1% 以内，得建筑物的最大差异沉降值 y_{max} 为：$y_{max} = y^U - y^L = 0.1\% \times l'$，式中，$y^U$ 为建筑物最大竖向位移值，y^L 为建筑物最小竖向位移值，l' 为建筑基础平面上产生最大差异沉降值的两点间的水平距离。由于建筑物的最小竖向位移值 y^L 通常并不为零，故可知，建筑物的最大差异沉降值 $y_{max} \leqslant y^U$。但在实际监测工作中，为使控制结果偏于安全，本书直接取竖向位移为 y_{max}。

5.3.3.2 既有地铁控制标准

对于穿越既有地铁施工的控制不仅包括既有隧道结构，还有轨道。位于城市内部的穿越既有地铁施工安全控制标准应在调查分析地质条件、线路结构形式、轨道结构形式、线路现状情况等的基础上，结合其与工程的空间位置关系、当地工程经验，进行必要的结构检测、计算分析和安全性评价后确定。城市既有地铁隧道变形控制值可按表 5-15 确定。

表 5-15　既有地铁隧道结构变形控制值

控制项目	累计值/mm	变化速率/mm·d⁻¹
隧道结构沉降	3~10	1
隧道结构上浮	5	1
隧道结构水平位移	3~5	1
隧道差异沉降	0.04%L_S	—
隧道结构变形缝差异沉降	2~4	1

注：L_S 为沿隧道轴向两监测点间距。

既有地铁的轨道变形应满足轨道日常使用与维修的要求。施工期间地铁轨道的变形可按日常使用与维修值进行控制，见表 5-16。

表 5-16   既有地铁轨道几何尺寸允许偏差控制值

项目		计划维修/mm		经常保养/mm	
		正线	其他线	正线	其他线
线路轨道	轨距	+4、−2	+5、−2	+6、−3	+7、−3
	水平	4	5	6	8
	高差	4	5	6	8
	轨向（直线）	4	5	6	8
	三角坑	4	5	6	8
道岔轨道	一般位置轨距	+3、−2	+3、−2	+4、−3	+4、−3
	尖轨尖端轨距	3	4	5	7
	水平	3	4	5	7
	高差	3	4	5	7
	轨向（直线）	3	4	5	7
	轨向（支距）	2	2	3	3

5.3.3.3   既有公路控制标准

穿越既有高速公路或城市道路项目控制标准应在调查分析道路等级、路基路面材料、道路现状情况和养护周期等的基础上，结合既有道路与新建穿越工程的空间位置关系和当地工程经验等进行确定，并应符合有关行业标准的有关规定。

当穿越施工对象为风险等级较高或有特殊要求的高速公路与城市道路时，为保证安全施工，其控制标准可以通过现场探测和安全性评价等确定。

对于一般的高速公路与城市道路，路基沉降控制值可按照表 5-17 确定。

表 5-17   既有高速公路与城市道路路基沉降控制值

控制项目		累计值/mm	变化速率/mm·d^{-1}
路基沉降	高速公路、城市主干道	10~30	3
	一般城市道路	20~40	3

5.3.3.4   既有铁路控制标准

既有铁路线路结构及轨道几何形位的监测项目控制值应符合现行标准《铁路轨道工程施工质量验收标准》TB 10413 的有关规定，并应满足线路维修的要求。

对于风险等级较低且没有特殊要求的既有铁路，其路基沉降控制值可遵循表

5-18中的控制值，路基的差异沉降控制值宜小于 $0.04\%L_t$（L_t 为沿铁路走向两监测点间距）。

表 5-18 既有铁路路基沉降控制值

控制项目		累计值/mm	变化速率/mm·d^{-1}
路基沉降	整体道床	10~20	1.5
	碎石道床	20~30	1.5

6 穿越既有结构施工安全控制系统

施工安全控制系统能够为施工过程提供一种消除不安全状态、防止事故发生、避免既有结构破坏的方法，其由多个子系统所组成，从不同角度进行施工安全控制。

6.1 穿越既有结构施工安全控制系统框架

控制系统的构建需要考虑安全管理目标、控制系统的功能和穿越工程的特征。穿越既有结构施工安全控制系统是以有限的资源实现对施工安全风险的有效控制为目标，满足安全控制的各项功能。

本章依据前文的分析提出穿越既有结构施工安全控制系统的框架体系，其组成主要包括安全监测系统、安全预警系统、安全预控系统以及决策系统。

（1）安全监测系统。它是整个预警系统运行的前提。监测系统是基于监测方案，收集与穿越施工相关的信息，即对施工过程中的各个因素进行全面的监测，获得现场技术信息与人员信息。准确的监测信息是实现有效预警的基础。

（2）安全预警系统。安全预警系统首先全面地识别出导致安全事故的所有安全风险因素，建立一套合理全面的指标体系；其次将安全监测系统收集到的信息经过识别、分析、辨伪等转换为预警需要的信息，确保预警信息完备、有效；然后在前期工作基础上，不断地监测各预警指标，将预警指标的指标值与警限区间对比，综合分析哪类安全事故发生的可能性比较大，并对该类安全事故类型进行警级确定，最后通过建立预测模型，对未来状态进行有效的预警。

其中，施工安全风险评价也作为安全预警系统的一部分，施工安全风险评价等级为安全预警提供参考。

（3）安全预控。在施工过程中全面地制定相关安全控制措施，本书通过广泛收集资料，列举出了一些安全控制措施。在实际施工过程中应该立足具体项目制定相应更为具体的控制措施。

（4）安全决策系统。安全决策系统是对预警评估系统做出的预警的反应，即一旦评估系统发出预警信号，则根据预警指标信息的警度和性质采取相应的防控策略。但是该系统中的防控策略主要是一种思路，起提示作用，管理者应该按照子系统的提示去寻求更为具体的符合实际情况的实施方案。预警对策是根据前面讲述的信息、识别、评价和判别子系统综合作用的结果。

各个系统间的相互联系如图 6-1 所示。

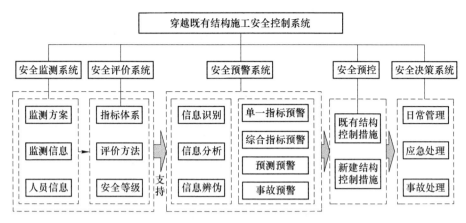

图 6-1 穿越既有结构施工安全控制系统框架体系

6.2 穿越既有结构施工安全预警系统

预警是对构成警情的因素的现状和未来进行测度，从时间上和空间上预报警情的程度，即无警、轻警、中警、重警，并提出防范措施。预警是在以往的总结的规律中承认风险，对构成风险的因素进行预测、评价，研究其发展趋势并以此预测其未来的发展状况，度量未来的警情程度，根据发布的结果管理人员及时采取应对措施，规避风险，减少损失的发生。因此预警具有先觉性、动态性、主动性和深刻性等特征。

预警系统是基于预警理论原理，为完成一项预警任务而建立的一套有机完整系统。

6.2.1 施工安全预警相关概念

6.2.1.1 预警系统基本组成要素

（1）警义。警义是指预警的对象。警义可以分为两个方面：一是警素，是指构成的警情指标，即穿越施工中出现了什么警情；二是警度，是指警情目前的状态，也就是警情的严重程度。

（2）警源。警源是引起警情的根源，按其生成的机理一般警源可分为两大类：一类是因自然因素引起的警情，称为自然警源；另一类是人类社会活动引起的警情，称为社会警源。在穿越既有结构施工安全预警中，警源一方面来源于既有结构的影响，另一方面来源于穿越施工自身。明确警源是风险预警工作的起点。

（3）警情。警情是警源在运动过程中产生的负面扰动，发展到相当程度后所表现出的外部形态。在预警管理中，明确警情是风险预警管理的前提。

（4）警兆。警兆是指不稳定性因素孕生过程中先行显露出来的迹象，是警源发展到警情的中间状态。警兆既可以是警源扩散的表现，也可以是警源扩散引起的其他迹象。

（5）警限。警限是警情的合理测试的尺度，是量变到质变的临界点，是介于安全与危险之间一条警戒线，也是危机即将爆发的"临界点"。

（6）警级。根据警情的警限，将定性分析与定量分析两种方法结合起来研究警兆预报的区间，根据警情的严重程度人为划分的风险预警级别就是警级。警级的实质就是警源出现负面扰动继而发展到一定程度的量化结果，它是预警系统的最终信息形式的表达。

6.2.1.2 预警系统功能

（1）安全预防功能。我国现行安全生产方针为"安全第一，预防为主，综合治理"，所以施工安全预警首先应具有安全风险的主动预防功能，即通过现行标准规范、安全管理规定、安全生产技术、安全风险分析，对即将进行的施工活动进行事前分析，明确并把控其安全风险控制要点，以保证施工过程处于有序稳定安全的状态。

（2）动态监测功能。施工安全事故的发生过程多难以察觉，这需要通过现代化高精度的量测仪器对预警指标进行动态量测，动态掌握施工现场的安全状态，从而实现警情预报。动态监测是施工安全预警系统的基础功能。需要说明的是，动态监测并非是每时每刻地进行监测，而是依据施工过程中施工安全预警指标的重要性、灵敏性、变化规律进行监测，监测频率的设定应以能够清晰掌握施工安全预警指标变化趋势为准则。

（3）警情预报功能。施工安全预警系统的本质目的是及时发现并掌握施工过程偏离安全状态、接近安全事故的程度，在综合分析原因后及时做出高效有针对性的控制措施。因此，警情预报功能是预警系统的主要任务，是在明确施工安全现状与未来变化趋势后，对警情的综合诊断与发布。根据警情预报功能的本质要求，其应具有安全现状评估的准确性、未来警情的预见性以及警情的预先告知性。

（4）矫正控制功能。矫正控制功能的主要任务一方面是将发展到一定程度处于离轨状态的不稳定因素通过采取一定的技术措施、管理措施使其回归到稳定的状态，是安全事故主动预防控的重要手段；另一方面是对已经发生、尚未成灾、可控性高的安全事故，通过采取一定的处理措施阻止其继续发生，并使相关不稳定因素转为安全稳定的状态。需要说明的是，这里的稳定状态应是警情原因综合分析后，对可能存在的原因逐一排查，力求处理所有相关的不稳定因素，从而保证预警指标完全进入无警状态，应防止不稳定因素处理不彻底，出现控制反弹的情况。因此，采取矫正控制措施后，还应予以一定时间的跟踪关注，确保其完全稳定后方可解除警情。

矫正控制措施的安全可靠成为矫正控制功能的关键，否则会导致控制效果不佳或激发新的不稳定因素，进而导致警情的不利发展或产生新的警情等情况。

（5）灾害应急功能。灾害应急功能是灾害事件（可控性差、灾害性强的安全事故）即将发生或已发生后，应立即启动应急响应机制，对危害影响范围内的人员、机械进行紧急撤离，并迅速采取合理有效的灾害减缓措施与隔离措施，对撤离不及时的人员应迅速开展抢险救援，尽可能减少灾害造成的损失与社会影响。

（6）警情免疫功能。当施工过程中，曾经发生过的安全事故可能再次发生时，预警系统应能够迅速判别、预报警情，并运用曾经采取过的行之有效的矫正控制措施进行预防控制，这种功能称为警情免疫功能。即在免疫功能的作用下，不会再出现该安全事故发生的情况。由此可知，唯有掌握该安全事故的警兆特征、致因机理、有效处理措施等，才能确保该功能的实现。安全事故致因机理是对以往同类型项目工程生产活动中各类安全事故发生规律的总结，需要辅以数据挖掘技术、专家系统等作为技术支撑。

（7）信息高效与可视化功能。施工安全预警系统运行过程中，需要采集、分析、存储大量数据，易出现信息超载的现象，且监测信息具有多样性、不完整性、冗余性、不确定性、因果链复杂等特点，这需要对信息进行搜集、加工、筛选、提炼、综合，信息采集、处理的高效与否会直接影响警情控制的效率，若错过最佳控制时机，警情的可控性由主动转为被动，则增大了控制成本，并增加了警情失控的可能性。

6.2.2 施工安全预警指标体系

作为预警的基础的、科学的、有效的、合理的、全面的施工阶段安全风险预警指标体系，应是一个涵盖施工过程中安全事故危险源中各类相互联系和相互制约的因素形成的有机整体。

施工阶段安全预警指标体系的目的是在穿越施工过程中能够将影响既有结构安全的因素得到真实反映，起到有效安全预警的作用。鉴于施工过程中水文地质、内部和外部环境、施工技术的复杂性，要求预警指标体系要全面、科学、可测。从工程经验和理论研究中获得科学合理的安全风险预警指标，较全面完整地反映施工过程中各个层次、各个方面的安全风险状况，并且要考虑到在实际的预警指标体系应用中的数据信息的可取性，才能尽可能较多地利用现有的、易得的统计数据，通过统计加工得到的信息来达到预警。

由于安全预警指标体系要适用于不同规模、不同地域的穿越既有结构施工项目，所以要有可比性。另外，指标体系中要尽可能地避免不同类型的指标之间、同一层次指标之间显而易见的包含关系，若有隐含的包含关系，也要用适当的方法在模型中予以消除，以减少各指标之间的重叠区域从而保证各指标数据的相对独立性。

预警指标体系要真正起到提前发出警示信号、预控的功能，这就要求建立的预警指标要遵循预见性原则。同时，预警指标具有时效性，这就要求施工过程中相关监测部门及时统计或预测出事先建立的预警指标值，这样才能及时进行数据处理，及时得出预警结果，及时实施保护措施和应急方案。

穿越既有结构施工安全预警涉及既有结构安全预警与新建结构安全预警，因此穿越既有结构施工安全技术预警指标体系应为二者的结合，形成以控制既有结构安全为目标的预警指标体系。

预警指标的选择应结合前文中关于穿越既有结构施工安全影响因素、监测指标以及风险评价指标的分析。

以地铁穿越既有建筑物施工项目为例，建立预警指标体系，见表6-1。

表6-1　地铁穿越既有建筑物预警指标体系

		警兆	参考预警指标
地铁穿越既有建筑物预警指标体系	盾构法施工预警指标	进出洞口涌水、涌砂、失稳	土体深层水平位移
			地下水位变化
			地表竖向位移
		管片变形开裂	管片竖向位移
			管片水平位移
			管片结构应力
			管片净空收敛
			管片链接螺栓应力
		隧道掘进偏移	推进轴线与设计轴线偏离值
		管片渗漏	管片错台
			管片表面有水渍或渗水
			孔隙水压力
		区间涌水涌砂	盾构出渣情况
			盾构机土压力
		盾构机结泥饼	盾构机土压力
			出土量
			地表竖向位移
		地表隆沉过大	地表竖向位移

		警兆	参考预警指标
地铁穿越既有建筑物预警指标体系	既有建筑物安全预警指标	沉降	建筑物基础竖向位移
			建筑物基础水平位移
			建筑物倾斜度
		地表裂缝	裂缝分布
			裂缝数量
			裂缝宽度
		结构裂缝	裂缝分布区域
			裂缝宽度
			裂缝发展速度

预警监测指标的变化通过设定监测方案，对预警指标实行监测得到。

6.2.3 施工安全预警等级划分

通过施工安全预警能够使相关单位对异常情况及时做出反应，采取相应措施，控制和避免工程自身和周边环境等安全风险事件的发生。

6.2.3.1 预警等级

预警等级是通过定性分析与定量分析两种方法相结合人为地划分预警等级的区间，从而反映警情的严重程度。由于各地工程地质条件、施工环境、建设技术水平均不相同，预警等级的分级标准也不同，通常由工程各参与主体及相关专家，结合工程实际综合确定，一般取预警控制值的70%、85%、100%。在各现行标准中对预警等级进行了明确的划分，如《北京市地铁工程监控量测技术规程》（DB11/T 490—2007），见表6-2。

表6-2　施工安全预警等级划分

预警等级	预警状态
黄色预警	变形监测的绝对值和速率值双控指标均达到控制值的70%，或双控指标之一达到控制值的85%
橙色预警	变形监测的绝对值和速率值双控指标均达到控制值的85%，或双控指标之一达到控制值
红色预警	变形监测的绝对值和速率值双控指标均达到控制值

在《穿越城市轨道交通设施检测评估及监测技术规范》（DB11-T915—2012）中将预警等级划分为四个级别，即绿色预警（无警）、黄色预警、橙色预警和红色预警。具体划分方式见表6-3。

表 6-3 警情等级

变化速率 ＼ 变形累计量	绿色	黄色	橙色	红色
绿色	绿色	黄色	橙色	红色
黄色	黄色	黄色	橙色	红色
橙色	橙色	橙色	橙色	红色
红色	红色	红色	红色	红色

6.2.3.2 预警区间

目前一般以变形累计量报警值 u_1 和变化速率报警值 u_2 的百分比进行区间划分，在《穿越城市轨道交通设施检测评估及监测技术规范》（DB11-T915—2012）中采取表 6-4 的方式进行区间划分。工程实际中区间的划分、百分比的选取可结合工程实际自行确定。

表 6-4 预警区间划分

项目 ＼ 区间	绿色区间	黄色区间	橙色区间	红色区间
变形累计量	$(0\sim70\%)u_1$	$[70\%\sim80\%)u_1$	$[80\%\sim100\%)u_1$	u_1
变化速率	$(0\sim70\%)u_2$	$[70\%\sim80\%)u_2$	$[80\%\sim100\%)u_2$	u_2

6.2.4 施工安全预警控制限值

预警指标控制值应按预警指标的性质分为变形监测控制值和力学监测控制值。变形监测控制值应包括变形监测数据的累计变化值和变化速率值；力学监测控制值宜包括力学监测数据的最大值和最小值。制定依据详见表 6-5。

表 6-5 预警指标控制值确定依据

预警指标	控制值确定依据
支护结构	工程监测等级、支护结构特点及设计计算结果等
周边环境	现行标准规范、环境对象的类型与特点、结构形式、变形特征、已有变形、正常使用条件等
重要的、特殊的或风险等级较高的周边环境对象	在现状调查与检测的基础上，分析计算或专项评估
周边地表沉降	岩土体的特性，结合支护结构工程自身风险等级和周边环境安全风险等级

6.3 穿越既有结构施工安全控制措施

为确保既有结构的安全性，应针对新建工程施工及既有结构制定相应的控制措施。

6.3.1 新建工程施工安全控制措施

6.3.1.1 浅埋暗挖法施工安全风险预防控制措施

A 防、排水控制措施

隧道工程施工前应对地表及隧道附近的井泉、池沼、水库、溪流进行调查，查看水文地质资料，对工程所在地有初步的认识，以选取适宜的材料、采取切实可靠的施工方案、施工技术等。对于不同类型的隧道工程，应采取不同级别的防、排水标准。在防水的同时要做好排水设施的设置，"堵排结合"，合理设置盲沟、泄水孔等。在施工过程中及施工完成后进行监测工作，对于发生渗水的部位进行检测，采取注浆、混凝土衬砌、塑料板堵水等防水措施。重点部位应重点防控，例如施工缝、变形缝等相对薄弱的部位可采用埋设止水带的方式进行防控。

B 初期支护失稳防控措施

在隧道开挖前结合地质情况，初步制定支护方案。在施工中应做好地质描述、超前地质预报，根据围岩条件的变化，因地制宜，提前采取相应措施，做到安全可靠、经济合理。同时做好紧急预案措施，预先制作一定数量的自重轻巧、安装便捷的临时支架，且工人应做到熟练、迅速安装。安全区至作业区段地面上不可堆放任何材料、渣土、机械、工具，保证作业时间内无障碍物。做好监测工作，当某一区域或部位变形过大或变形速率增大，及时采取预案措施积极应对。

在浅埋、严重偏压、自稳性差的地段以及大面积淋水或涌水地段施工时，应按设计采用稳定地层和处理涌水的辅助工程措施。稳定地层措施主要包括：超前锚杆支护、超前小导管预注浆支护、超前管棚支护、超前预注浆、地面砂浆锚杆、地表注浆等。其中前四项为稳定洞内围岩和开挖面的措施，后两项为稳定地面地层，防止地面下沉、滑塌和在浅埋地段与洞内措施一起作用稳定洞内围岩及开挖面的措施。涌水处理措施主要包括：超前围岩预注浆堵水、开挖后补注浆堵水、超前钻孔排水、坑道排水、井点降水等。

C 二次衬砌变形、开裂防控措施

隧道二次衬砌变形、开裂的处理，应根据其施工工艺及要求，采取以稳固围岩为主、稳固围岩与加固衬砌相结合的综合处理原则。对于浅埋隧道应及早完成二次衬砌，且二次衬砌应予以加强。主要防控措施包括：锚杆加固围岩，提高破碎围岩的粘结力，形成一定厚度的承载拱，以提高围岩的承载能力；每环衬砌段拱顶部应预留 2~4 个注浆孔；设置变形监测点，定时监测以确定二次衬砌的变形情况。为防止人为因素导致二次衬砌变形开裂，要求仰拱及填充混凝土强度达到 5MPa 后允许行人通行，达到设计强度的 100% 后允许车辆通行。

D　开挖面失稳防控措施

隧道开挖过程中，开挖面常与达到设计强度的喷射混凝土衬砌结构存在一定距离，这一区段属于坍塌、涌水、涌砂事件多发区，加之隧道内空间狭小，逃生和抢救难度大，对安全风险事件的预防和控制显得尤为重要，因此应尽可能地缩短工人在此区段的作业时间。如掌子面上搭设管棚或超前小导管及锚杆，按照经验结合岩土性质，预计钻孔、注浆时间，工作时间过长时宜分段打设；减少格构钢架单元件数，加快钢架安装速度；采取措施加快钢筋网和纵向连接钢筋的固定焊接、初次衬砌混凝土喷射等工序。另有以下规定：

（1）隧道开挖必须配合及时支护，保证施工安全。

（2）喷锚支护施工中，应做好下列工作：喷锚支护施工记录，喷射混凝土的强度、厚度、平整度等项检查和试验报告，监控量测记录，地质素描资料。

（3）对稳定性较差的围岩应采用多种方法进行预加固，条件允许时，应采用洞内、外预加固相结合，以提高围岩的自支护能力。

稳定性较差的围岩往往与水有关，所以预加固是止水技术与加固技术的综合应用。在不破坏当地环境条件下，浅埋隧道在地表进行预加固可获得事半功倍的效果。地表加固常用的方法有：浆液压注法、垂直锚杆加固法；洞内常用的加固方法有：超前锚杆、超前小导管支护、超前小导管注浆、超前全封闭注浆、超前小导坑注浆、管棚法、有条件时采用预衬砌法（配合专用的链式切削机或多轴钻机）、水平高压旋喷法（双重管法、三重管法）、高压喷射搅拌法等。

（4）软弱围岩施工中要采取一切措施提高围岩的自支护能力。视围岩的岩性、层理、结构、水文情况而采取不同的措施保护围岩，主要方法有：加固地层、稳定掌子面、及时闭合支护结构，一般是三种方法的综合应用。

在软弱围岩中提高围岩自支护能力的基本方法是控制围岩的松弛、坍塌，以超前加固、注浆加固及时封闭为主，见表 6-6。

表 6-6　软弱围岩中提高围岩自支护能力的方法

加固地层	稳定掌子面	及时闭合
掌子面超前全封闭注浆	正面喷混凝土及锚杆	设临时仰拱或底部横撑
超前锚杆、小导管、大管棚	超前支护	加固基脚
小导管周边注浆、围岩径向注浆	预留核心土	向底部地层注浆加固
地表锚杆、注浆加固		设底部锚杆

（5）Ⅴ、Ⅵ级围岩地段应根据地层稳定状况、渗水量大小分别采用超前长

管棚或插板配合钢拱架预支护、超前小导管（注浆）配合钢拱架预支护、超前锚杆配合钢架预支护等。

（6）型钢钢架支护适宜于以下情况：黄土隧道、未胶结的松散岩体或人工堆积碎石土；浅埋但不宜明挖地段；膨胀性岩体或含有膨胀因子、节理发育、较松散岩体；地下水活动较强，造成大面积淋水地段。

6.3.1.2 盾构法施工安全风险预防控制措施

A 进出洞口涌水、涌砂防控措施

为预防盾构区间隧道发生涌水涌砂事件应采取的控制措施：中、强透水地段施工时，测量人员要加大测量的频率，并及时向第三方取得地表沉降的相关参数，及时调整施工方案。制定施工过程中的应对措施：适当提高同步注浆浆液浓度（必要时采用双液注浆）；提前严格检查设备运行情况，尤其是紧急停止时螺旋机闸门的紧急关闭状况等；适当减小螺旋机闸门口的开度，提高盾构机千斤顶的推进速度。

B 隧道掘进偏移防控措施

盾构机在掘进过程中，隧道发生偏移，主要受工程地质、水文地质、注浆质量、盾构机姿态控制等方面的影响。主要预防控制措施有：

（1）应根据盾构机类型采取相应的开挖面稳定方法，确保前方土体稳定。

（2）根据地层情况、设计轴线、埋深、盾构机类型等因素确定推进千斤顶的编组。

（3）根据盾构选型、施工现场环境，合理选择土方输送方式和机械设备。

（4）在拼装管片或盾构掘进停歇时，应采取防止盾构后退的措施。

（5）盾构掘进轴线按设计要求进行控制，每掘进一环应对盾构姿态、衬砌位置进行测量。

（6）应根据盾构类型和施工要求做好各项施工、掘进、设备和装置运行的管理工作。

C 管片变形开裂、管片渗漏防控措施

（1）规范管片安装程序。拼装前须保证盾尾无杂物、无积水，再进行管片吊装作业。管片安装完后，应用整圆器及时整圆，对管片的变形及时矫正，并在管片环脱离盾尾后对管片连接螺栓进行二次紧固。同步注浆及时固定管片环的形状和位置。管片安装质量应以满足设计要求的隧道轴线偏差和有关规范要求的椭圆度及环、纵缝错台标准进行控制。

（2）加强同步注浆管理。在浆液性能的选择上应该保证浆液的充填性、初凝时间与早期强度、限定范围防止流失（浆液的稠度）的有机结合，才能确保隧道管片与围岩共同作用形成一体化的构造物。

盾构隧道衬背注浆的浆液配比应进行动态管理，依据不同地质、水文、隧道埋深等情况的变化而不断调整浆液性能，以控制地表的沉降和保证管片的稳定。在同步注浆过程中合理掌握注浆压力，使注浆量、注浆速度与推进速度等施工参数形成最佳的参数匹配。如果注浆压力太大会导致管片破坏，造成浆液的外溢；背后注浆的最佳注入时期，应在盾构机推进的同时或者推进后立即注入，注入的宗旨是必须完全填充尾隙；注入量必须能很好地填充尾隙。一般来说使用双液型浆液时，注入量为理论空隙量的 150% ~ 200%。

同时做好监测工作，及时发现警情，并做好防控措施。

D　盾构防结泥饼控制措施

防止盾构刀盘结泥饼最关键的是盾构与地质的适应性，盾构机的选型一定要适应地质情况。因此在盾构设计之前必须要详细勘察工程的地质情况，根据详细的地质情况来设计盾构刀盘的开口率、刀具的配置类型和环流系统等。泥浆参数是预防泥水盾构刀盘结泥饼的重要因素之一，必须根据地层的黏土颗粒含量来配置泥浆，重点控制泥浆的相对密度和黏度。盾构施工中必须严格控制掘进参数和遵循盾构操作规程，通过刀盘推力、扭矩和掘进速度等掘进参数的变化来及时判断刀盘结泥饼的情况。开启冲刷系统，增大环流系统的进排浆流量可以有效防止刀盘结泥饼的情况发生。其中最有效、最彻底的清除刀盘泥饼的方法是人工进仓清除刀盘泥饼。

E　地表隆沉防控措施

在进行盾构机掘进工作前，对施工现场的地面建筑物、地下管线、地下障碍物、地下设施等要详细调查，制定适当的预防保护措施以保护重要的建筑物。建立严格的隧道沉降量测控制网，当进行隧道施工时，及时分析盾构前方监测点的监测数据。舱内压力要设定合理。由于进行盾构推进时，推进速度、排土量和千斤顶顶力等因素对土压产生影响，土压易发生波动，为了保持开挖面的稳定性，需要对排土量和舱内外土体压力差值的大小实现有效控制以控制开挖面的土压。首先，目标土压的确定可以以地层的情况为依据确定；其次，对土压的变化情况进行监测；最后，目标土压值的维持可以通过对螺旋输送机转速的调节来实现。

6.3.2　既有结构安全控制措施

6.3.2.1　既有结构的调查与评价

对于处于施工范围内的既有结构，为全面了解既有结构当前的工作状态，并为各类控制标准和施工技术方案的制定提供依据，降低穿越施工对既有结构安全使用的影响，应对工程影响范围内的既有地铁进行现状调查和评价。

在穿越施工前，首先要对结构的承载能力进行验算，以保证穿越过程中既有结构有足够的安全富余。

考虑既有结构长期使用的影响，基于工前检测结果对既有结构进行损伤评定，而结构损伤会直接或间接地导致既有结构受力状态的改变，进而造成既有结构承载能力的下降。比较常用的方法有两种：一是采用破坏性试验，采用实测的材料参数和截面尺寸，按规范公式重新计算结构承载力；二是选用经验比较丰富的工程技术人员，对结构健康状况进行定性评价。

6.3.2.2 既有建（构）筑物安全控制

A 结构倾斜处理方法

常见的倾斜处理方法可以分为两大类：顶升纠偏法、迫降法。

顶升纠偏法是指在建筑物沉降量较小的一侧进行地基加固处理，沉降量大的一侧通过千斤顶等机械设备顶升基础，使其沉降量减小。迫降法是指先在建筑物沉降量大的地基基础进行加固处理，并在底板下方采取掏土等措施迫使沉降量小的地基基础下沉。具体的倾斜处理方法又可分为以下几小类：

（1）框架顶升法。框架结构顶升纠偏法应先切断框架柱，并建立一个可以支撑楼房主体结构的体系，通过框架柱下面受力，推动建筑物倾斜率大的一侧整体上移，使建筑物整体回倾。该方法对于各类地势较低的框架型建筑物均适用。

（2）砌体顶升法。砌体结构顶升纠偏法的使用对于建筑物整体刚度的要求较高，施工前先对基础部位进行分离，使其可以移动，这样在地基下部可以通过千斤顶等设备，产生向上的推力迫使基础整体向上移动，从而达到纠偏的目的。该方法对于各类地势较低的砌体型建筑物均适用。

（3）预压托换桩法。预压托换桩纠偏法是指预先在地基土体沉降量大的一侧进行托换桩设计，并通过桩与基础相连，当建筑物上部结构承受荷载时通过桩身传递到下方地基基础，可以对地基土体沉降量进行有效的控制，防止建筑物再次发生倾斜。

（4）地基注浆顶升法。注浆加固法是通过注浆泵对浆液施加压力后，使其注入到需要加固的地基土中，排除土体中空隙内的部分水和空气，促进地基土的固结，有效增加地基土的抗震动液化能力。

（5）加压法。加压纠偏法是指在沉降量小的一侧进行加固处理，迫使其荷载增加，沉降量变大，此方法通常用于软弱地基土体。

（6）应力解除法。应力解除法是指在建筑物沉降量较大的一侧地基基础通过注浆进行加固处理，使其不会继续沉降，然后在沉降量小的一侧设置掏土孔，并使用人工洛阳铲或机械设备进行掏土，掏土后建筑物基础受力面积减小，应力释放后促进沉降量小的一侧沉降量增加，迫使建筑物倾斜率减小。该方法适用于软土地基。

（7）浸水法。浸水纠偏法是指在基础底端设置孔洞，并向孔内注水，使土体含水率增加，承载力下降，从而迫使沉降量小的一侧下沉，以达到建筑物整体回倾的目的。浸水纠偏法回倾量不容易控制，因此应对现场地基土体进行全面勘察，并通过试验确定其可行性。

B　地基加固处理

结构倾斜处理，往往需要进行地基基础加固处理，常用地基加固方法如下：

（1）石灰桩法。石灰桩法加固软土地基即挤密法，首先把桩管打入土中再拔出桩管，形成桩孔并向桩孔内夯填生石灰等拌合料，生石灰吸水后体积变大，可以有效地对石灰桩桩身周围土体挤密以达到加固地基的目的。石灰桩法适用于饱和黏性土、淤泥和素填土等地基。

（2）注浆法。注浆法地基加固是指先按一定的比例配置好水泥和水玻璃浆液，然后钻取注浆孔至一定深度并下放钢管，通过高压管将水泥浆和水玻璃液体注入到注浆孔内部，使其向软弱土层劈裂的部位流动，有效提高地基土的承载力，从而起到良好的地基加固效果。注浆法适用于淤泥、黏性土及粉土等地基。

（3）树根桩法。树根桩法是根据基础类型、地质条件及场地条件选取钻孔机具设备，在地基土中以不同的倾斜角度成孔并放入钢筋或钢筋笼，并向孔内注入水泥浆液，浆液凝固后形成灌注桩，从而起到加固地基的效果。树根桩法适用于黏性土、粉土、砂土。

C　构件加固方法

在既有结构发生沉降、倾斜时通常会出现结构裂缝、结构崩塌等，因此需要对结构构件进行加固处理。各类加固方法的特征见表6-7。

表 6-7　加固方法

加固方法	原理	优点	缺点	适用范围
加大截面加固法	在原构件的外围浇一层新的混凝土并补加相应的钢筋，以提高原构件承载能力	施工工艺简单、适应性强，并具有成熟的设计和施工经验	湿作业时间长，影响生产和生活，且加固后的建筑物净空减小	适用于梁、板、柱、墙和一般构造物的混凝土的加固
置换混凝土加固法	拆除原有破坏构件或部位，重新用混凝土补齐	施工工艺简单，加固后不影响建筑物的净空	施工的湿作业时间长	适用于受压区混凝土强度偏低或有严重缺陷的梁、柱等混凝土承重构件的加固
粘贴钢板加固法	钢板采用高性能的环氧类粘接剂粘结于混凝土构件的表面，使钢板与混凝土形成统一的整体	施工快速、现场无湿作业，对生产和生活影响小，且加固后对原结构外观和原有净空无显著影响	加固效果在很大程度上取决于胶粘工艺与操作水平	适用于承受静力作用且处于正常湿度环境中的受弯或受拉构件的加固

加固方法	原 理	优 点	缺 点	适用范围
粘贴纤维加固法	用胶结材料把纤维增强复合材料贴于被加固构件的受拉区域,使其与原结构共同工作	加固后耐腐蚀、耐潮湿、自重轻、耐用、维护费用较低	需要专门的防火处理	适用于各种受力性质的混凝土结构构件和一般构筑物
绕丝法	原理与加大截面法相似	施工工艺简单、适应性强	影响生产和生活	适用于混凝土结构构件斜截面承载力不足的加固

6.3.2.3 既有地铁安全控制

A 既有地铁渗水处理

由于既有地铁结构变形缝在施工过程中可能发生差异沉降,在施工过程中和施工完成后,地下水位恢复后变形缝可能发生渗漏水,发生渗漏水后根据不同的施工阶段进行相应处理,避免影响运营安全。施工过程中若变形缝发生渗漏水,主要采用汇水引导的措施将渗漏水引到地铁的排水沟内,避免对运营产生不良影响。

穿越施工完成后,对既有地铁结构变形缝渗漏水治理采用注浆堵水的措施进行处理。首先在变形缝渗漏水部位两侧用风钻钻孔,安设压浆管,封闭压浆管与结构之间的空隙,低压注速凝无收缩高强水泥浆液止水,在封管与注浆的过程中必须注意对整体道床安全和稳定的观察与保护,避免浆液进入结构与道床之间。注浆完成后观察一段时间,直至变形缝无渗漏水现象为止。

B 管片裂缝治理措施

在施工过程中,要对结构裂缝进行跟踪观察,密切注意裂缝的发展情况,对于一些对结构的使用和强度有影响的裂缝要即时进行处理。对于一般的结构裂缝采用注环氧树脂填充的措施进行处理;对于对结构耐久性和强度影响较大的裂缝除采用环氧树脂填充外,还要根据需要采取措施对结构进行补强处理。

为了确保既有地铁结构的整体性及耐久性,对裂缝进行化学灌浆处理。灌浆材料采用环氧糠酮浆液,浆液固化时间为 24～48h,凝固后抗压强度为 50～80MPa,抗拉强度为 8～16MPa,干粘强度为 1.9～2.8MPa。

灌浆工艺流程:清缝→埋灌浆口→封缝→试漏→灌浆→保压硬化。

C 轨道沉降处理方法

对于轨道沉降超限问题,可首先采用轨道调节,如果调节后能够满足正常运营,则该问题得到有效解决。如果轨道调节后仍不能满足正常运营要求,可以采用抬升技术，对既有隧道结构进行抬升，使得既有地铁轨道结构的高程损失得到恢复，从而满足正常运营要求。既有地铁轨道结构的高程恢复的目标是恢复后的高程能够满足正常运营即可，而不必恢复到新线施工前的既有轨道的高程。

　　按照作用对象的不同，结构抬升按恢复措施分成两类：一类是直接措施，如托换抬升；另一类是间接措施，如注浆抬升。

　　（1）直接措施。直接措施的基本原理就是采用钢筋混凝土桩、柱、梁等结构进行组合，在既有结构的下方施作，以代替隧道结构承受上方土体的重量，实现对既有结构的受力托换。在此过程中设置若干支承点，这些支承点的顶升设备同时启动，从而使结构沿某一平面向上抬升，并可使既有结构沉降变小。常用的方法包括抬墙梁顶升法、静力压入桩法等。

　　（2）间接措施。间接措施的目的就是通过处理土体自身变形来达到恢复沉降的目的，在地下工程中，注浆则是处理控制土体自身变形的常用措施。在土体中注浆就是通过材料的膨胀产生压力从而达到对既有地铁结构的沉降进行恢复的目的。同时也改良土体性质，增大土体刚度等，对以后施工产生既有结构沉降也有制约作用。注浆可以分两种：一种是在既有构筑物内向下方注浆；另一种是在新建隧道内向上方的土体注浆。

　　在实际应用过程中，上述的直接措施和间接措施两者间并没有本质区别，而是常常相互配合，以取得较好的效果，二者实际上都是对既有结构进行抬升的技术。

　　6.3.2.4　既有铁路加固

　　（1）注浆加固。为加强铁路路基整体性能，减小穿越施工过程中结构穿入的摩阻力，在一定区域内对路基进行注浆。注浆材料采用添加早强剂的砂浆，注浆压力采用0.2~0.5MPa。分两次压浆，施工前先对路基进行加固处理，开始穿越施工后进行二次补浆。

　　（2）轨面沉降处理。对于沉降变形，需要根据结构沉降量和轨道结构的特点进行处理。轨道沉降主要采取在铁垫板下或滑床板下的橡胶垫板下加垫调高垫板的方法调整轨面标高。因折返线道岔转辙器部位位于结构变形缝，变形缝两侧结构的差异沉降、两道变形缝之间结构的不均匀沉降均易造成道岔病害，应及时调整轨道状态，调整后轨道状态满足相关要求。轨道状态的调整应结合监测数据进行。

6.4　穿越既有结构施工安全决策系统

6.4.1　施工安全决策模式

6.4.1.1　基本概念

穿越既有结构施工安全决策是指为能够有效准确地识别施工安全风险事件，

在不同的施工阶段针对不同施工任务进行因素分析、风险分析、预警，利用决策方法对需要判断风险、优化施工步序、应急处置等进行处理的过程。预警决策可以分为预测决策、评估决策以及情景决策，如图 6-2 所示。

穿越既有结构施工安全风险决策系统是为了有效识别各阶段各种安全风险，并能够分析安全风险事件发生特征的内在规律，进行相关风险评估和预测，针对不同的施工安全风险采取相应的控制措施。

为实现决策系统，首先对某一施工状态下所涉及的安全风险事件的类型、

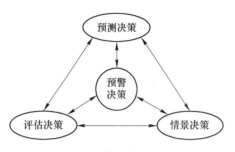

图 6-2 预警决策相关系统

特征和状态进行监控，并分析相应风险事件的历史统计数据，对风险事件进行状态描述；其次在前述分析的基础上，进行安全风险评价；然后基于安全监测与风险评价进行施工安全预警，当预警指标阈值超过安全阈值状态给出预警信号；最后通过各要素之间相互作用机理、方法体系、工作流程和运作模式等关键信息，在不同情景下利用预警决策系统对施工任务和路径进行优化。

通过对决策系统的具体描述，可以看出决策系统并不是独立存在的。

6.4.1.2 决策系统运行模式

穿越既有结构施工安全决策是建立在施工监测、风险评价和预警系统的基础上，通过三者相互之间的配合和协调，对施工阶段的安全控制和管理状态全面掌握，给出相应预控策略方案。

通过有效的安全风险预警，一方面能够保证在施工阶段安全状态的维持；另一方面也能够使得在预警安全管理作用下，预警决策系统能够对已经发生的不安全状态及时锁定不安全状态的关键因素，避免引起连锁反应。针对不安全状态进行预控方案制定与优化调整，直到回复正常状态。

预警决策系统所调整的信息数据将会反馈到信息处理库，能够保证在同等条件下不安全状态的消除，从而循环往复不断对预警系统进行优化。预警决策系统运行模式如图 6-3 所示。

由于穿越既有结构施工安全风险预警决策系统的重心在于事前控制中的预警分析和决策选择两个部分。预警决策系统的工作内容包括指标体系构建、安全监测方案制定、安全风险预警系统建立、决策支持系统构建、方法选择等，工作内容的顺利完成是施工安全预警决策系统能够有效顺利实施的技术保障。

6.4.2 施工安全决策系统设计

通过对穿越既有结构施工安全控制与预警决策的深度剖析，全面建立起穿越

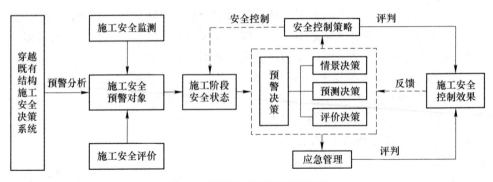

图 6-3　预警决策系统运行模式

既有结构施工安全预警决策支持系统,其主要工作是基于施工安全监测系统与预警系统以及相关安全控制措施而开展的。

其中,施工安全监测系统包括监测项目确定、监测方案制定、监测数据处理等。穿越既有结构施工安全决策系统如图 6-4 所示。

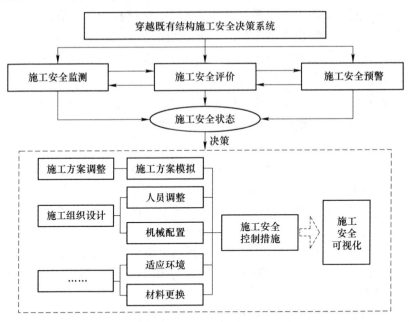

图 6-4　施工安全决策系统

7 地下建筑穿越既有地铁施工

7.1 工程概况

7.1.1 工程基本信息

某广场项目地块与已运营的地铁线空间上存在交叉，既有的地铁线路从广场项目中间穿过，将广场项目分为南北两个区域，周边用地主要为二类居住用地、行政办公用地以及商业金融用地。该工程主要使用功能为地下车库与地下商场，分南北两部分对称设置于地铁盾构区间两侧，并在盾构区间上部通过三个连接通道将两部分主体连通。主体基坑重要性等级为一级，连接通道基坑等级为二级。平面布置如图7-1所示。

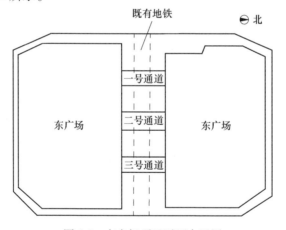

图 7-1 东广场项目平面布置图

南北广场基坑沿隧道纵向总长176m，总宽110m，基坑深19.3m。南北半幅主体基坑均采用"明挖顺作+盖挖逆作"结合的支护和施工方案。三条通道由西向东的内净空尺寸分别为14.20m×4.75m（宽×高）、18.00m×4.75m（宽×高）以及14.20m×4.75m（宽×高）。通道底距离既有郑博盾构区间隧道结构顶最小净距约4.1m。为尽量减少本工程施工期间对周边环境的影响，尤其是对地铁盾构隧道的不利影响，基坑周边22~45m宽度范围采用盖挖逆作施工，外围整体采用800mm厚地连墙围护，中心区域则采用明挖顺作，明挖顺作区基坑采用放坡（二级）+1000mm@1300mm钻孔桩+3道锚索支护方案。两侧逆作区基坑宽约

23m，逆作区基坑地连墙距离隧道有 10m 的净距。基坑及联络通道布置如图 7-2 所示。

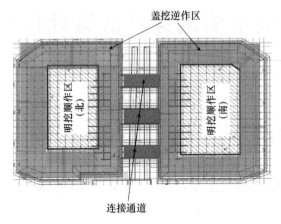

图 7-2　基坑及联络通道平面布置图

7.1.2　工程地质条件

根据地质钻探结果和原位测试成果，勘探深度 55m 以内除部分杂填土外，主要为第四系全新统、上更新统冲积和冲洪积地层，揭露土层从上到下分述如下：

第 1 层：杂填土（Q_4^{ml}），黄褐色，稍湿，松散，主要由粉土、砖块、石块、水泥块、废桩头和粉砂组成。层厚 0.70~15.70m，平均厚度 6.58m，层底标高 81.87~87.10m，平均标高 83.95m，层底埋深 0.70~15.70m，平均埋深 6.58m。

第 2 层：粉土夹粉砂（Q_{4-3}^{al}），浅黄色~褐黄色，稍湿，稍密，干强度低，韧性低，含蜗牛壳碎片及铁质氧化物斑点，砂感较强，局部夹粉砂。层厚 0.90~5.00m，平均厚度 3.15m，层底标高 79.35~82.60m，平均标高 80.80m，层底埋深 2.60~18.50m，平均埋深 9.73m。

第 3 层：粉质黏土（Q_{4-2}^l），灰色，软塑，切面稍有光泽，干强度中等，韧性中等。含蜗牛壳碎片，偶见铁质氧化物斑点，钙质结核。局部夹灰色稍密粉土。层厚 0.50~3.50m，平均厚度 1.47m，层底标高 77.01~81.10m，平均标高 79.33m，层底埋深 4.90~20.80m，平均埋深 11.21m。

第 4 层：粉土夹粉质黏土（Q_{4-2}^l），灰色，湿，稍密，摇振反应迅速，干强度低，韧性低。含铁质氧化物斑点及蜗牛壳碎片，偶见小钙质结核。局部夹灰色软塑状粉质黏土薄层。层厚 1.60~7.20m，平均厚度 4.84m，层底标高 72.02~77.20m，平均标高 74.49m，层底埋深 10.30~24.50m，平均埋深 16.05m。

第 5 层：粉质黏土（Q_{4-2}^l），灰色~灰黑色，软塑~可塑，切面稍有光泽，干强度中等，韧性中等，含蜗牛壳碎片及腐殖质，有机质含量稍高。局部夹粉土薄层。层厚 1.30~7.20m，平均厚度 3.77m，层底标高 68.50~73.12m，平均标高 70.72m，层底埋深 14.00~29.00m，平均埋深 19.82m。

第 6 层：细砂（Q_{4-1}^{al+pl}），灰黄色~黄褐色，饱和，密实，颗粒级配不良，颗粒成分主要由石英、长石、云母等组成，局部夹有黄褐色密实粉土及粉砂。层厚 6.80~12.00m，平均厚度 9.27m，层底标高 58.28~63.37m，平均标高 61.45m，层底埋深 22.90~37.20m，平均埋深 29.09m。

第 7 层：粉质黏土（Q_{4-1}^{al}），黄褐色，可塑~硬塑，稍有光泽，干强度中等，韧性中等，含铁锰质浸染，含较多姜石，局部夹粉土。层厚 1.00~6.70m，平均厚度 1.99m，层底标高 54.19~61.55m，平均标高 59.46m，层底埋深 24.50~40.50m，平均埋深 31.08m。

第 8 层：细砂（Q_{4-1}^{al+pl}），黄褐色，饱和，密实，颗粒级配不良，颗粒成分主要由石英、长石、云母组成，局部夹粉土。层厚 3.00~11.00m，平均厚度 7.96m，层底标高 48.30~53.90m，平均标高 51.50m，层底埋深 33.00~48.60m，平均埋深 39.04m。

第 9 层：粉质黏土（Q_3^{al}），黄褐色~黄色，可塑~硬塑，干强度高，切面有光泽，韧性中等，含黑色铁锰质浸染及较多姜石，局部胶结，局部夹黄色密实粉土。层厚 1.00~8.00m，平均厚度 3.47m，层底标高 42.37~52.40m，平均标高 48.05m，层底埋深 35.30~53.00m，平均埋深 42.35m。

第 10 层：细砂（Q_3^{al}），黄褐色，饱和，密实，颗粒级配不良，颗粒成分主要由石英、长石、云母组成，该层分布不均，局部缺失。层厚 1.00~6.30m，平均厚度 3.36m，层底标高 41.41~48.50m，平均标高 45.84m，层底埋深 39.00~53.00m，平均埋深 45.07m。

第 11 层：粉质黏土（Q_3^{al}），棕黄色，硬塑~坚硬，干强度高，切面有光泽，韧性中等，含黑色铁锰质浸染，姜石含量较高，局部胶结，成分不均，局部夹细砂。层厚 11.00~16.50m，平均厚度 13.48m，层底标高 30.35~34.18m，平均标高 32.02m，层底埋深 53.00~67.00m，平均埋深 58.88m。

第 12 层：粉质黏土（Q_2^{al}），棕色~棕红色，硬塑~坚硬，干强度高，切面有光泽，韧性高。含蓝灰色及黑色斑点、条纹，含姜石，局部夹细砂。该层在勘探深度范围内未揭穿，最大揭露厚度 10.00m。

7.1.3 水文地质概况

（1）地下水类型。勘探深度内含水层分为两层，即上层的潜水和下层的承压水。潜水主要赋存于 16.0~18.0m（绝对标高 70.0m）以上 Q_{4-3}~Q_{4-2} 的粉土、粉质黏土中，属弱透水层；承压水主要赋存于 16.0~18.0m（绝对标高 70.0m）

以下的细砂中，该层富水性好，属强透水层，具有微承压性，与上部潜水有一定水力联系。潜水层与承压水层被相对隔水层 Q_{4-2} 的灰~灰黑色第 5 层粉质黏土层隔开。

（2）地下水水位。本场地地下水水位量测采用勘探钻孔进行，外业施工期间勘探钻孔中量测的静止水位在现地面下 10.3~17.0m 之间，绝对标高在 74.81~76.79m 之间。下层承压水静止水位在地面以下 12.0~19.0m 左右，绝对标高74.0m 左右。根据现场实测，基坑外隧道处地下水位基本位于隧道道床部位。

（3）土层的渗透系数。根据当地地区经验及勘察单位抽水试验结果，第 6 层以上的粉土、粉质黏土层的综合渗透系数取 $k=0.6\mathrm{m/d}$，第 6 层及以下砂层的综合渗透系数取 $k=8.0\mathrm{m/d}$。

（4）地下水水质分析。根据水质分析资料，依据《岩土工程勘察规范》（GB 50021—2001）（2009 年版），场地环境类型为Ⅱ类，地下水对混凝土结构有微腐蚀性，对钢筋混凝土结构中的钢筋在干湿交替的状态下有弱腐蚀性。

（5）地基土腐蚀性评价。根据土的易溶盐分析资料，依据《岩土工程勘察规范》（GB 50021—2001）（2009 年版），场地环境类型为Ⅱ类，地基土对混凝土结构有微腐蚀性，对钢筋混凝土结构中的钢筋有微腐蚀性。

7.2　施工安全风险项

（1）既有隧道变形。工程施工可能造成既有区间隧道与地铁轨道的变形。南北侧深基坑施工、横跨地铁区间隧道的连接通道的施工均会对既有地铁隧道产生影响，其中连接通道底距离既有盾构区间隧道结构顶最小净距约 4m，三轴搅拌桩距既有地铁隧道结构最小距离 1m，抗拔桩距既有地铁隧道结构最小距离 1.5m。

（2）基坑自身稳定性。若基坑工程围护结构施工质量存在问题，则可能造成基坑自身变形失稳和既有区间隧道变形。整个施工过程的围护结构涉及南北区周边地连墙、顺作区四周围护桩、三座连接通道两侧围护桩。对围护桩、地连墙、三轴搅拌桩等围护结构制定工序质量保证措施，保证结构空间位置的准确性，确保围护主体的工程质量满足要求。主体结构的施工必须在围护结构的强度达到设计要求后进行，主体开挖至锚索高度时及时进行锚索施工。

（3）地下水位的影响。由于地下水位高于主体结构底板，因此若降水措施不合理，则可能造成透水事故，同时，地下水位高度应严格控制，以防既有区间隧道结构的下沉。合理的降水措施是提高地基承载力和减少土体主动土压力的有效措施。当顺作区地板施工完成后，要保证水位控制在结构地板以下 1m。

7.3 施工安全控制措施

7.3.1 顺作基坑施工安全控制措施

7.3.1.1 顺作基坑开挖步序影响分析及控制措施

为研究基坑开挖施工顺序对既有地铁隧道的影响，设定四种不同的情况进行对比，基坑开挖不同工况顺序如图 7-3 所示。工况一：从基坑的一端往另外一端开挖；工况二：从基坑的两端往中间开挖；工况三：以基坑的中面为界，将基坑分为两侧，左侧基坑和右侧基坑分别从两端向中间开挖；工况四：以基坑中面为界，将基坑分为左右两侧，从远离既有地铁隧道侧的基坑一端向另一端开挖，抵达另外一端后，开挖靠近既有地铁隧道侧，单向开挖。如上工况中，均分为三层开挖，每一次仅开挖至下一层顶板标高处。

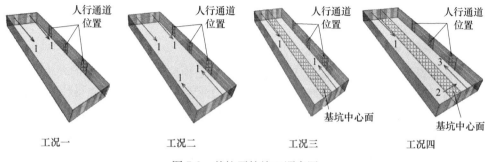

工况一   工况二   工况三   工况四

图 7-3 基坑开挖施工顺序图

对四种不同工况下的开挖方案对邻近既有地铁隧道变形的影响进行探讨，通过数值模拟，取其变形最大值，如图 7-4 所示，可以看到，基坑开挖方式对于既有地铁隧道的变形影响较大。从最大变形值上看，工况风险情况为：工况四 < 工况三 < 工况一 < 工况二。从四种工况可以看出，分区开挖，先开挖远离既有地铁隧道侧能够较好地控制既有地铁隧道的变形，有利于降低顺作基坑施工安全风险。

7.3.1.2 顺作基坑支护施工安全风险控制措施

基坑开挖过程中，仅受到灌注桩侧向的约束，基坑变形最大的部分出现在基坑的四周围护结构的中部，而越靠近基坑边角处其受到的空间约束效应也就越强，因此呈现明显的坑角"效应"。为防止基坑施工导致边缘中部的过大变形带来高安全施工风险，可以从抑制基坑边缘中部的变形来控制降低施工安全风险。

从基坑顺作区预应力锚杆施工方面出发，为控制内基坑土方开挖等施工步骤对基坑自身稳定性的影响，基于现场试验获得的锚索的锚固力学参数，应用 FLAC3D 有限差分软件，对锚索的施工参数和桩体的施工参数进行优化。锚索的设计参数如表 7-1 所示。

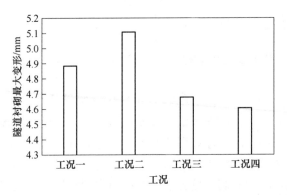

图 7-4　不同工况下顺作基坑邻近既有地铁隧道衬砌最大变形对比图

表 7-1　锚索施工参数

预应力/kN	自由段/m	锚固段/m	抗拔承载力/kN	角度/(°)
135	10	10	350	20

A　预应力锚索角度控制风险

在原设计方案中，核心岛基坑周边设计的是预应力锚索，锚索的角度为 20°向土体安装，而规范推荐的倾斜角度为 15°~25°之间，采用单一变量控制的方法对锚索的参数进行细致的探讨，在保持其他预应力锚索施工参数的情况下，探讨不同锚索角度下，锚索的安全风险控制效果，寻找规律，并探讨是否出现最优的角度。为做进一步探讨，设计如表 7-2 所示工况。

表 7-2　不同锚索施作角度工况表

工况	角度/(°)	工况	角度/(°)
JD1	10	JD3	30
JD2	20	JD4	40

通过对数值模型的建模计算与分析，得到在不同的锚索施作角度下，靠近既有地铁隧道一侧基坑的水平向位移值。由图 7-5 可以看到，当锚索的角度在 10°~30°范围内，实际上桩体的变形值差异并不大，测点的最大变形值分别为 49.01mm、44.73mm、42.50mm，而当锚索施工的角度继续增大到工况 JD4，最大变形为 56.31mm，锚索的支护效果出现明显的下降。进一步分析预应力锚索受力，可以知道，预应力锚索斜方向插入土体深处，锚固力可以分解为水平方向和竖直方向的受力。锚索受力的时候，水平方向的预应力越大，对于减小桩体的水平位移效果是明显的。因此，当锚索的倾斜角持续变大时，竖向预应力分力越来越大而水平向预应力越来越小，两个力此消彼长，最后达到一个相对最优的角度。从图中可以看到，工况 JD3，即角度为 30°时为四种工况的最小位移。而现

场采用的是 20° 锚索角度，综合考虑，可以选用 25° 的锚索角度为最优，即在这个角度下，土的最大主应力方向和最大锚索的施力方向相同，支护效果最佳。也就是说，在预应力锚杆其他参数不变的情况下，顺作区基坑的变形在本工程中可以选用 25° 的锚杆角度，来达到降低施工安全风险的目的。

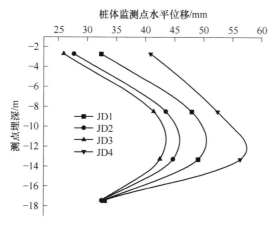

图 7-5　锚索不同施作角度对于桩体水平变形的影响

B　预应力锚索自由段长度优化

预应力锚索分为自由段和锚固段，锚固段是锚索真正发挥抗拔效果的核心部分，而自由段则是锚索拉张伸长率的重要部分，是控制锚索施工的一项重要指标。各段的情况不同，受力不同，对墙体变形约束所起到的约束效果也不一样。因此在原设计方案的基础上，控制锚索其他施工参数不变，对比了自由段长为 8m、10m、12m、14m 四种工况下的情形，如表 7-3 所示。

表 7-3　不同自由段长度工况

工况	长度/m	工况	长度/m
Lf1	8	Lf3	12
Lf2	10	Lf4	14

对上述四种工况进行分析，可以得到围护桩变形图如图 7-6 所示，可以看到，当锚固端为 12m 的工况下，不同的自由段长度的变形控制效果不一样。当在自由段长度为 8m 时，桩体四个测点位移为：33.63mm、48.89mm、50.01mm、33.16mm，变形量较长度为 14m 时的 38.37mm、53.73mm、56.14mm、33.39mm 略小，且可以看出，自由段不是越长越好，也不是越短越有优势，在固定的锚固段长度下，存在最优的长度，为 10m。因此施工现场建议采用自由段长度为 10m 的预应力锚索，对于控制变形的效果最佳，利于控制施工安全风险。

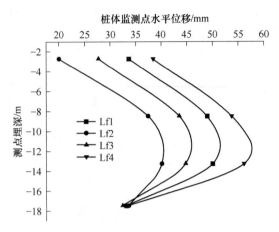

图 7-6　锚索不同自由段长度对于桩体水平变形的影响

C　预应力锚索锚固段长度优化

上述的分析中，得到了预应力锚索的最优自由段长度，而预应力锚索实际上在确定了锚固力之后，是否也存在最合适的锚固段长度，因此进行如下四种工况的对比分析。选取了锚固段分别为 10m、12m、14m、16m 四种不同的工况，进行锚杆参数化建模分析，见表 7-4。

表 7-4　不同锚固段长度工况

工况	长度/m	工况	长度/m
La1	10	La3	14
La2	12	La4	16

经过计算可以得到图 7-7，其规律非常明显，就是随着锚固长度的增大，桩体的水平位移越来越小。从锚固的机理分析，预应力锚索发挥作用主要是靠锚固端嵌固在土体中的锚固力，锚固力牵引钢绞线，减弱一部分土压力作用在桩体上的力，以此来控制桩体的侧向位移。再分不同的锚固长度对变形的效果，可以看到 10m、12m、14m、16m 四种工况下的最大变形值依次是 52.33mm、44.73mm、39.56mm、36.67mm，依次减小 14.5%、24.4%、29.94%。由此可以看到虽然增加锚固端的长度能有效减小桩体侧向移动，但是一味地通过该工况来降低桩体变形是不经济的。因此，建议在经济合理的范围内，采用长度为 10m 锚固段的预应力锚索，对于控制施工安全风险控制最佳。

D　预应力锚索预应力合理值优化

预应力锚索最重要的施工参数是预应力的设置，预应力的大小对限制变形的效果不同。因此，本处在锚固应力的基础上增加 30kN、60kN、100kN 预应力，见表 7-5。

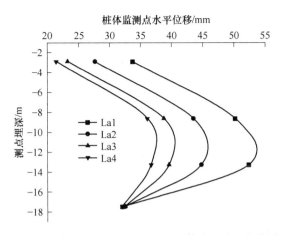

图 7-7 锚索不同锚固段长度对于桩体水平变形的影响

表 7-5 预应力锚索不同预应力增量工况

工况	预应力增量/kN	工况	预应力增量/kN
Prt1	135	Prt3	195
Prt2	165	Prt4	235

由图 7-8 可以看到，增加锚索预应力值在一定程度上可以逐渐减小桩位移。且对桩中上部的位移影响较大，桩顶的位移由 27.65mm 逐渐降至 22.05mm，减小幅度较大，分析桩体受力机理，可以发现，桩顶受到土的侧向压力较小，对桩体顶部施作较大的预应力，对于桩体顶部将产生较大的位移。而在当地土层条件下，土体荷载主要集中在桩体的中部，增大预应力对于桩体的上中部位变形控制效果较为明显，但是对于桩体的下部，则影响非常小。这主要有两点原因，一是该处的土压力较小，二是其受到的悬臂桩体支护效果更强。

增大预应力对锚索的变形效果还是有的，且施加预应力的大小对于锚索的工程造价本身并不会有太大影响，故可以增大锚索的预应力来达到控制桩体位移的目的。因此可以适当地提高锚索的预应力，但是不应该一味地以控制预应力来达到效果。

7.3.1.3 顺作基坑挡墙施工安全控制技术

A 基坑支护挡墙直径优化

前述分析了基坑支护过程中，针对预应力锚杆对其施作的角度、自由段和锚固段长度、还有预应力合理值等进行了探讨，并得到了规律性的认识，用于指导实际施工。基坑顺作施工采用的是锚桩支护体系，但是单分析锚杆的参数来进行分析未免有失偏颇，因此还需要对支护挡墙的直径进行探讨。为此，设置以下四种不同工况，见表 7-6。

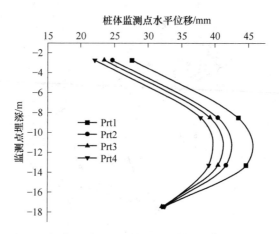

图 7-8 锚索不同预应力值对于桩体水平变形的影响

表 7-6 不同桩径工况

工况	桩径/m	工况	桩径/m
Prt1	1.4	Prt3	1.0
Prt2	1.2	Prt4	0.8

对各种桩径下的桩体侧移进行监测，如图 7-9 所示，发现桩径越大，桩体的侧移量就越小，说明桩径增大后，桩整体的抗弯刚度就提升了，能够较好地控制桩体的变形。同时为了对比不同桩径的效应，将地连墙的侧向位移、顺作基坑底部隆起、坑外地表沉降示于图 7-10~图 7-12。可以看到，桩径越小，对于各项变形的控制也就越弱，基坑的抗风险能力较弱。桩径为 0.8m 时，地连墙的最终侧向位移为 44.73mm，桩径为 1.0m 时，侧向位移为 40.26mm，降低 10%，当桩径为 1.2m 时，侧向位移为 33.55mm，Prt4 降低了约 25%，当桩径为 1.4m 时，地连墙的侧移则为 22.37mm，降低了 50%。因此可以看到，增大桩径对于控制基坑变形是有效的。另外，随着桩径的增大，基坑底部的隆起、基坑外地表的沉降等也都得到了很好的控制，见表 7-7。

表 7-7 不同桩径值对基坑变形监测指标的影响

桩 径	Prt1	Prt2	Prt3	Prt4
地连墙位移/mm	22.37	33.55	40.26	44.73
顺作基坑隆起/mm	20.33	23.76	28.19	35.47
坑外地表沉降值/mm	10.78	13.10	16.62	22.33

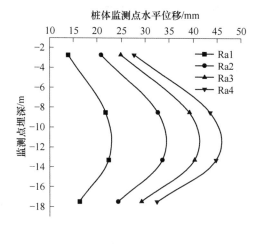

图 7-9 不同桩径桩体侧移图

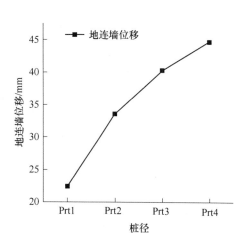

图 7-10 不同桩径对地连墙侧移影响

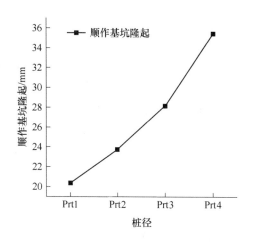

图 7-11 不同桩径对顺作基坑隆起影响

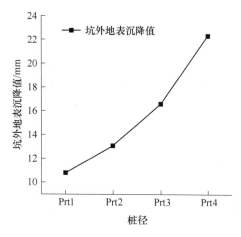

图 7-12 不同桩径对坑外地表沉降影响

B 基坑支护挡墙最大嵌固深度优化

地下连续墙嵌固长度为 6m、8m、10m、12m，见表 7-8，其他条件与前述标准模型相同。为了得到不同的支护挡墙最大嵌固深度对基坑侧向位移的限制作用，为了对比其影响，监测了地下连续墙中最大的水平位移、最大的弯矩、最大的坑底隆起值、最大的坑外土体沉降值，统计如表 7-8 所示，并绘制相应的变形曲线，见图 7-13。

表7-8 不同嵌固深度工况

工况	长度/m	工况	长度/m
Len1	6	Len3	10
Len2	8	Len4	12

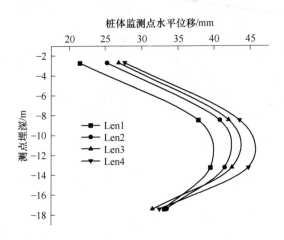

图7-13 不同嵌固深度下桩体的变形曲线

由图7-14～图7-17所得规律性认识如下：随着支护挡墙的最大嵌固深度的加大，地连墙的侧向位移、基坑底部的隆起值s、基坑外侧地表的最大沉降值均有所下降，几近线性变化规律，而随着支护挡墙的最大嵌固深度的加大，地连墙最大弯矩值反而增大。当嵌固深度为6m时，地连墙的最大水平位移为44.73mm，当嵌固深度为8m时，地连墙的最大水平位移为42.31mm，下降5.63%；当嵌固深度为10m时，地连墙的最大水平位移为38.46mm，下降14.02%；当嵌固深度为12m时，地连墙的最大水平位移为32.33mm，下降27.72%。对于基坑底部的隆起值而言，嵌固深度为6m时隆起35.47mm，而随嵌固深度增大，基坑底部隆起分别减小9.33%、16.70%、28.13%。对于坑外地表沉降而言，基坑周边地表的最大沉降量是22.33mm，随着嵌固深度越大地表沉降依次减小了7.70%、18.14%、30.32%。由此可见，增大嵌固深度对于各项变形指标的控制都有一定辅助作用。

随着嵌固深度的增加，地连墙的弯矩则不断变大，当嵌固深度为6m时，最大弯矩值为1100.2kN·m，随着嵌固深度增大，最大弯矩分别为1212.5kN·m、1456.7kN·m、1791.2kN·m，依次增加了10.20%、32.40%、62.81%，可以看到较于各项变形指标，嵌固埋深增加对于地连墙弯矩的变化更为显著，即增加嵌固埋深可以提高施工的抗风险能力。

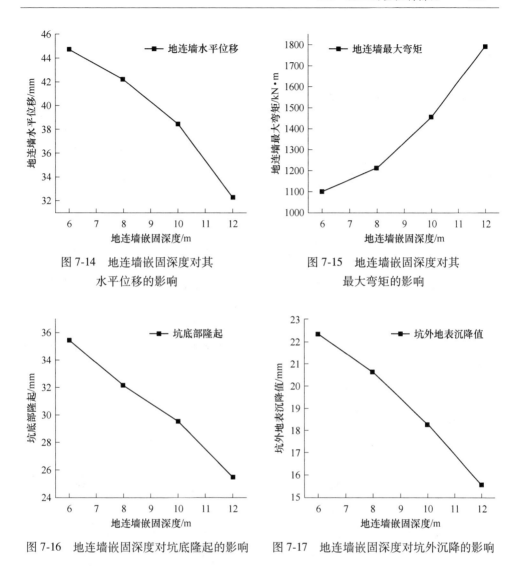

图 7-14 地连墙嵌固深度对其
水平位移的影响

图 7-15 地连墙嵌固深度对其
最大弯矩的影响

图 7-16 地连墙嵌固深度对坑底隆起的影响　图 7-17 地连墙嵌固深度对坑外沉降的影响

7.3.2 逆作基坑施工安全控制措施

　　大型深基坑工程，往往采取逆作法并预留土台加上跳槽开挖的方式，这种方式可以很好控制逆作区基坑的变形，坑边土有利于控制地连墙的变形，但是预留的坑边土宽度超过某一值时，这种效果则逐渐减弱。因此可以采用中心岛顺作、逆作区预留合理的坑边土的施工方式。

　　基坑顺作区完成后，即进行外围逆作区的施工，逆作区施工分区图，见图7-18。由前述的分析可知，基坑逆作法施工过程中，逆作区左部、逆作区前部和后部的开挖对于既有地铁隧道变形影响都较小，且主要是集中在靠近既有地铁隧道侧的基坑逆作区所引起的变形，为了探讨逆作区开挖顺序对于既有地铁隧道变形的影响，本处对工况简化如下，仅考虑靠近既有地铁隧道侧的三层逆作区的暗挖施工，探究逆作区施工对于既有地铁隧道的影响情况，见图 7-19。工况 KW1，仅考虑逆作区单向开挖对于既有地铁隧道变形的影响；工况 KW2，考虑逆作区由两端向中间开挖，既有地铁隧道变形发展情况；工况 KW3、KW4，将逆作开挖分为五个部分，其中靠近人行通道的部分分为三个部分，其余两端各为一个部分，其中工况 KW3 先开挖施工基坑逆作

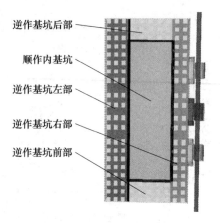

图 7-18　基坑逆作分部开挖施工图

区两端，为加快施工进度，而后在人行通道 1、3 处的部分相向开挖，最后对人行通道 2 进行相向开挖，工况 KW4 中，对逆作区两端向中间开挖的方式，首先开挖两端，而后在人行通道 1、3 处进行第二步的开挖，最后对人行通道 2 进行开挖，可以看到，KW3 与 KW4 的差别仅在于开挖方向由相向开挖改为单向开挖。

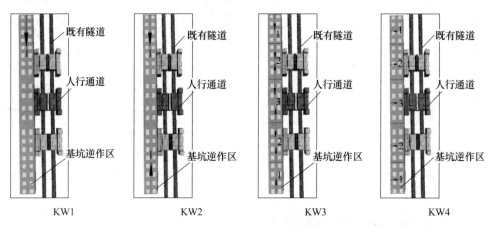

图 7-19　逆作区不同开挖施工方案

　　由图 7-20 可以看到，开挖同一层时不同开挖方案下最终导致的拱顶隆起不同，很明显可以看到，KW1 下的既有地铁隧道变形量最大，四种工况的变形量由大到小是 KW1 > KW2 > KW3 > KW4，而且随着开挖的进行，既有地铁隧道的变形持续变大。由图 7-21 可以看出，既有地铁隧道的收敛变形与既有地铁隧道的拱顶隆起变形规律具有一致性，各工况随着每层开挖的变形值见表 7-9。

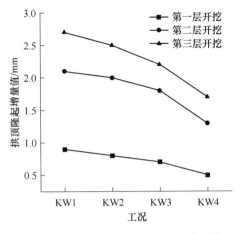

图 7-20　逆作区不同开挖施工既有地铁
隧道拱顶隆起变形趋势图

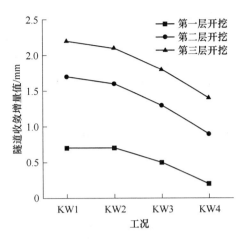

图 7-21　逆作区不同开挖施工既有地铁
隧道收敛变形趋势图

表 7-9　不同逆作区开挖方案下各层开挖既有地铁隧道变形增量表

工况	KW1		KW2		KW3		KW4	
	隆起增量/mm	收敛增量/mm	隆起增量/mm	收敛增量/mm	隆起增量/mm	收敛增量/mm	隆起增量/mm	收敛增量/mm
第一层开挖	0.9	0.7	0.8	0.7	0.5	0.3	0.5	0.2
第二层开挖	2.1	1.7	2	1.6	1.8	1.1	1.3	0.9
第三层开挖	2.7	2.2	2.5	2.1	2.1	1.6	1.7	1.4

7.3.3　既有地铁隧道上方施工安全控制措施

7.3.3.1　不同加固措施对施工安全影响分析

在进行三个人行通道的开挖工程中，既有地铁隧道顶部的竖向变形以及收敛变形发生了突变，其中，竖向发生了向上的隆起，水平方向发生了向既有地铁隧道中心处的收敛。为了验证所采用对既有地铁隧道进行加固的措施是否有效果，在实际工况的基础上，建立其他四种不同的工况进行计算，见表 7-10，工况的分类依据是：是否在既有地铁隧道的两侧进行土体注浆加固、是否将人行通道的底板与抗拔桩形成"护箍整体"，是否进行堆载反压等措施。

在图 7-22 中，对不同工况作用下轨道隆起值进行了对比。图中的 JG1 是在不进行土体加固、不进行人行通道底板和抗拔桩进行绑箍的情况下的左线轨道隆起情况图，可以看到未经过任何加固措施的区域进行施工加固，在整个变化中轨道出现了很大的上浮，尤其以三个横通道区域的变形最为明显，基坑各部施工完成后，直接位于人行通道 2 下的轨道变形量最为明显，为 10.10mm，人行通道 1、人行通道 3 下的轨道变形量次之，为 9.73mm，轨道的变形量超过了变形标准，会严重影响盾构既有地铁隧道的正常使用及危及运营安全。因此，完全不采取任何措施就加固的方法是不可取的，施工安全风险极大。

表 7-10   计算工况表

工况名称	既有地铁隧道 进行注浆加固	底板与抗拔桩 形成"护箍整体"	底板进行 堆载反压
JG1	否	否	否
JG2	是	否	否
JG3	否	是	否
JG4	否	是	是
JG5	是	是	是

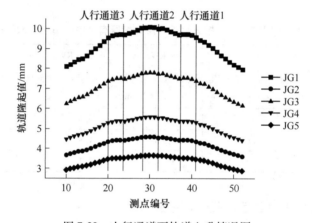

图 7-22   人行通道下轨道上升情况图

与工况 JG1 相比，工况 JG3 仅是采用了底板与抗拔桩形成"护箍整体"的施工构造措施，不对下方的土体进行注浆加固和堆载反压。由图中 JG3 曲线可以看到，轨道的上浮变形量出现了明显的降低，人行通道 2 下的轨道变形量为 7.80mm，下降了 22.8%，轨道的变形控制效果较好，变形降低较为明显。就工况 JG2 而言，其仅仅是进行了土体的预先注浆加固，不进行底板与抗拔桩形成"护箍整体"及堆载反压操作，结果可以看到，轨道的变形如图中所示，此时人行通道 2 下的轨道的上浮量变为 4.59mm，人行通道 1、3 下的轨道的上浮量为 4.42mm，人行通道变形量较之前不做任何加固措施的 JG1 下降了 54.55%，变形控制效果非常显著。

对比于工况 JG4，进行的加固措施为底板与抗拔桩形成"护箍整体"+堆载反压的两种组合，该种工况仅是为了对比不进行注浆加固而采取其他措施的变形控制效果，由图中可以看到轨道的沉降值介于工况 JG3 与工况 JG2 之间，其与不做任何措施的 JG1 相比，最大轨道隆起量下降 44.6%，与堆载反压和与抗拔桩形成"护箍整体"的工况 JG3 相比下降了 28.3%，可以看到，堆载反压的作用可以在一定程度上控制轨道的上浮情况，约占 16.3%。而需要注意的是，后两种加固措施的组合方案 JG4 较单纯进行注浆加固的方案值略大，约为 20.97%，可以得到结论：底板与抗拔桩形成"护箍整体"+堆载反压的两种组合方案并没有注浆加固方案控制的效果好，从风险控制的角度而言注浆加固方案为较优选择。

最后可以考虑将三种加固措施都用于控制变形，降低施工安全风险，如工况 JG5 所示。可以看到，轨道的整体变形量确实变小了，且最大变形量远小于不做任何措施的加固方案 JG1，降低了约 63.66%，较底板与抗拔桩形成"护箍整体"+堆载反压的两种组合方案 JG4，降低了约 34.32%，较仅仅采用注浆加固措施的 JG2 降低了 20.04%。

7.3.3.2 既有地铁隧道上方注浆加固施工安全控制措施

通过前面的分析可以看到，既有地铁隧道的周边进行注浆加固对于控制轨道的上浮效果最佳，联合其他两种方法能够更好地辅助控制轨道的变形，降低施工安全风险。但是对于注浆加固，目前的研究方向主要是注浆加固机理的研究和注浆加固土体强度的室内试验研究。

注浆加固机理主要与注浆的土体有关，譬如沙土地区，注浆主要是渗透注浆为主，黄土地区的注浆主要是劈裂注浆为主，软土地区的注浆主要是压密和部分劈裂注浆的结合形式。注浆加固机理还跟注浆所采用的注浆压力有关，比如，注浆压力过小时，浆液不足以破坏土体本身的黏聚力和初始地应力状态，那么，随着注浆的过程继续，以浆液累积后的压密注浆为主，反之，若注浆压力过大，则浆液沿着土体中最为薄弱的裂隙串浆。注浆加固机理还与注浆加固采取的注浆工艺、注浆所采取的浆液配比等有关。因此注浆机理是非常复杂的，注浆加固的全过程是各种因素影响的集合。

但是各种因素下，注浆的结果是可以通过试验段的注浆来评价的。一般而言是调整施工的参数，对不同施工参数下现场土样进行室内或现场的土工试验，然后评价土体强度提高的等级，一般而言土体注浆加固后可以提高几倍甚至更多。因此，针对上述的计算工况 JG2，仅对注浆加固后的土体进行数值对比优化，研究的参数包括注浆后浆液的弹性模量、注浆范围等。

A 注浆加固后土体强度对施工安全的影响

人行通道开挖之后，轨道的最大沉降值会随着土体加固强度的提高而变得越来越小，因此可以看到只改变加固后注浆土体的弹性模量，对于控制变形是有利的。另外，只改变弹性模量对于下覆既有地铁隧道轨道的变形和差异变形的规律几乎是一致的，但是随着注浆体加固参数的提高，变形控制的效果越来越不明显，弹性模量为11~100MPa的时候效果最好，变形降低的最快，当注浆参数达到300MPa后，轨道的最大变形量几乎是不变的，见图7-23。

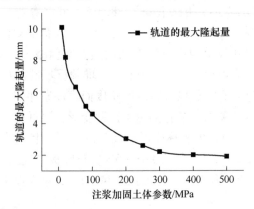

图7-23　注浆加固土体参数对轨道最大隆起的影响

B　注浆范围对控制变形的影响

由前文可知，可以从计算工况JG2的角度出发，探讨加固区的加固范围对轨道隆起量的控制效果。由于既有地铁隧道顶部至人行通道顶板最近距离仅为4.65m，所以将加固方案分为以下四种情形，见图7-24。

（1）加固人行通道下部至既有地铁隧道拱顶1m距离范围的土体。

（2）加固人行通道下部至既有地铁隧道拱顶处范围的土体。

（3）加固人行通道下部至既有地铁隧道水平拱腰处范围的土体。

（4）加固人行通道下部至既有地铁隧道底部范围的土体。

需要说明的是，注浆会对既有地铁隧道产生一定的影响，因此在各个工况中既有地铁隧道周边1m范围内尽量不进行注浆处理。

通过数值建模分析，可以看出不同的加固区对于既有地铁隧道及轨道的变形趋势几乎一致。可以看到，当仅仅加固到既有地铁隧道的上方1m处时，看到轨道的最大变形量有所降低，由未加固时的10.10mm降至9.21mm，说明注浆加固此时的作用还是比较小的。当加固至既有地铁隧道顶部时，最大轨道隆起量为6.33mm，下降37.3%，进一步将注浆范围扩大，轨道的隆起值变为4.59mm，此时注浆范围已经至既有地铁隧道水平收敛处，收敛值相较加固范围1下降了53.5%，再进一步地将注浆加固范围进行扩大，至既有地铁隧道的底部，得到的曲线见图7-25，发现其轨道的最大隆起量约下降0.39mm，最大收敛值约下降0.4mm，说明进一步加大注浆加固范围所取得的效果已经不大了。

因此，可以认为注浆加固对于轨道的变形风险控制是有效的。通过对既有地铁隧道上覆的土体进行注浆加固，能有效降低轨道的隆起和周边收敛值。但是，

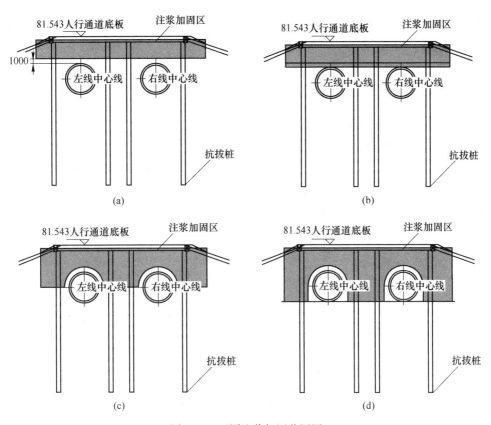

图 7-24　不同注浆加固范围图

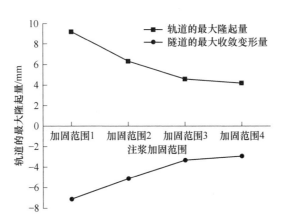

图 7-25　注浆加固范围对既有地铁隧道及轨道变形的影响

并不是说注浆加固提高土体的参数越高，控制的效果越好，也不是注浆的范围越大，变形控制的效果就越好，这两个注浆施工参数均存在一个最佳值。因此在注浆试验段的时候进行注浆参数的调试，主要调试浆液配比、注浆压力、注浆所采用的施工工艺等相关注浆参数，同时确保在选定的范围内浆液充分扩散，达到预定要求。

7.3.4 降水施工安全控制措施

7.3.4.1 降水深度对施工安全控制影响研究

为了进一步地研究降水深度对核心岛基坑的影响，可以从降水后的水位高度出发对其进行论证。降水所达到的深度分四种工况进行安全风险控制措施研究。第一种，降水达到地表以下 5m，记作水位 5；第二种，降水达到地表以下 10m，记作水位 10，余同，水位 15，水位 20。

A 基坑降水施工对地表沉降的影响

由图 7-26 可以看到，进行降水施工后，水位线达到的位置虽然不同，但是变形的趋势是一致的，而且很明显，降水后水位越低，则沉降量越大，这主要是进行降水施工后的基坑土体孔隙水压力降低，流固耦合部分的流体变少，会导致土体颗粒之间相互粘结加强，也就是土体的有效应力增加了，这样地表产生的沉降是固结导致的。

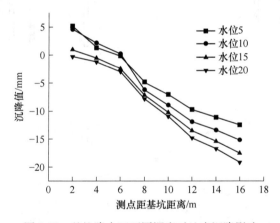

图 7-26 基坑降水至不同深度对地表沉降影响

B 坑底上浮

降水后的水位深度对于基坑底部上浮是有影响的，水位下降深度越多，坑底的上浮值反而有所下降，整体而言基坑中部上浮较大而边缘处上浮较少，见图7-27，这里有两方面的原因，其一，降水施工后土体水位越低，可以说明施工效果较为理想。众所周知，降水后的土体的有效应力增强，土体的强度也随之增大，那么土体的回弹模量就越大，越有利于控制坑底变形。其二，降水过程中，土体的孔隙水压力持续降低，此时基坑外侧降水井空隙水压力也降低，对于围护的地连墙而言,其总的侧向推力是减小的,这些力较初始情况小,变形自然也小。基坑降水后,最先能够对这种变化进行反馈的应该是地连墙,因为这是直接与坑内、坑外土体直接接触的部分。降水施工效果越好,那么随着桩体水平位移越来越大,但是很明显的趋势是最大位移点的位置则越来越向下移动,这主要是降水施工后,作用在桩体上的水土合力越来越小,此时合力的等效作用点也随着下移。

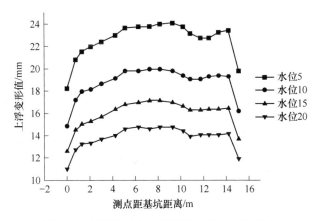

图 7-27　基坑降水至不同深度对坑底上浮影响

7.3.4.2　降水速度对施工安全的影响

在设计之初,降水井的深度定在 18m,此时的止水帷幕,即围护结构入土深 22m,单侧设置降水井 10 口,可以计算在不同抽水速度下基坑内外水头差的影响,本节设置抽水速度是 $60m^3/d$、$120m^3/d$、$160m^3/d$、$200m^3/d$ 等工况下,降水达到稳定状态时岩体的孔隙水压力等值线情况。

对比图 7-28 中两条曲线,可以看到当抽水速度为 $60m^3/d$,围护+2m 与围护 +4m 水头埋深下,基坑内水头分别降至原始水位以下 1.04m 和 2.99m,其效率提升了 187.5%;当降水速度达到 $120m^3/d$,基坑水头下降到了 3.88m 和 5.90m,降水速度提高 1 倍后,降水深度分别提高了 272.5% 和 97.1%;当继续提高降水速度到 $160m^3/d$,水位降到了 8.3m 和 12.07m,在 $120m^3/d$ 的基础上分别提高了 113.9% 和 104.7%,而再继续提高降水速度,基坑内的水位降至原始水位以下 9.75m 和 15.99m,可以看到,此时的水位的变化并不理想,仅仅下降了 17.5% 和 32.5%,效果不如之前三种工况显著。结果表明,抽水速度一样的情况下,围护嵌入深度不同,其对基坑的降水影响较为明显,其可以有效阻隔内外基坑的水力互通,由此可以在现场进行降水施工的时候,可以采取提高围护嵌固深度的办法,降低施工安全风险。

7.3.4.3　围护深度对施工安全的影响

基坑内降水井进行抽水,水位降低,而基坑外水位可以认为保持不变,此时

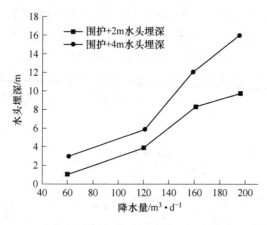

图 7-28　不同围护桩嵌固深度下水头埋深与降水量关系图

会产生水头差，不论基坑内外两侧中间有何种形式的阻隔，由达西定律可知，只要两侧是相连的，此时水会由水头高一侧向水头低一侧流动，而这种流动仅仅与渗透路径相关。因此基坑降水是一个动态过程，降水部分的水位在降低，基坑外的水会有一定的补给。

这种补给在一定程度上是降低了基坑内部的降水效率，因此，根据上述原理，可以从加长渗透路径的角度，来降低基坑外地下水的补给。为了更好地体现不同的渗透路径对变形的影响，可以采用挡墙嵌固深度这一指标来衡量，为此设置嵌固深为 6m、8m、10m 三种情况进行分析。

通过数值计算，可以得到，嵌固深度为 10m 的时候，变形控制效果较为明显，坑外水渗透进入基坑内部的速率有所减小。为进一步地说明该现象，下面分析一下挡墙后孔隙压力。

围护结构嵌固深度一定的情况下，随着降水施工过程的进行，见图 7-29，在

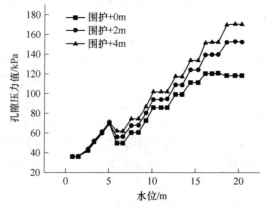

图 7-29　围护结构增加嵌固深度对其后土体孔压的影响

降水初期，孔隙水压力会出持续上升，这个过程基坑内外两侧的水位差逐步拉大，当水头差能够克服临界阻力时，基坑外侧的水会有一部分进入到基坑内部，孔隙水压力出现一次下降，在之后的孔隙水压力会逐步提高，但是每次降水循环后都会出现一次平台期，而且，在进入下一轮降水流程的时候，孔隙水压又逐步提高。另外，随着围护嵌固深度的加大，降到相同水位时的孔压也略大于其他情形，降水完成后围护+4m 与原始的 6m 嵌固孔隙水压差值仅为 52kPa，这也说明增加围护深度对于控制基坑稳定、降低施工安全风险是有益的。

基坑降水施工中，对基坑外地表的沉降和基坑底部的隆起也进行了监测，由图 7-30 可以看到，围护桩+0m、2m、4m 三种工况下的最大变形为 20.49mm、16.92mm、15.45mm，随着水位的降低，围护结构嵌入越深，地表的变形量越小；对于基坑底部的隆起变形，其一定程度上可以反映基坑的稳定性，监测发现坑底容易出现大范围的隆起，但是从数值模拟监测结果（如图 7-31 所示）来看，三种工况下的最大上浮量分别是 51.3mm、53.02mm、55.42mm，其可以限制基坑围护结构的嵌固深度，但是对于基坑底部隆起的限制效应较弱。

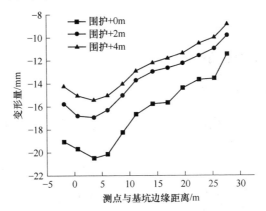

图 7-30　不同围护嵌固深度下降水引起地表沉降变化

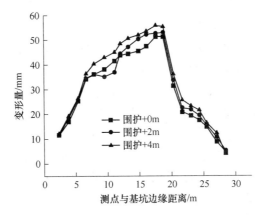

图 7-31　不同围护嵌固深度下降水引起坑底隆起变化

7.3.4.4　反压回灌措施对施工安全的影响

实际的基坑降水施工中，往往会有一种盲目性和随机性，这主要是因为地下水分布不均匀，且地下水分布与地层的空隙通道密切相关。因此进行基坑降水，路面产生不均匀沉降较为严重时，周边邻近的建筑物或地下构筑物会发生不均匀沉降，产生开裂，甚至有坍塌的可能。因此，针对一些大型基坑施工，且周边有重要邻近建构筑物，为防止上述危害发生，可以设置反压井进行地下水回灌，以补偿降水过多带来的危害。反压加水的过程中，为了不至于让地面隆起，又得控制地面的沉降，我们可以通过数值计算的方式进行安全风险控制研究。为了便于进行方案论证，设置反压回灌量为 $50m^3/d$、$70m^3/d$、$100m^3/d$ 三种工况。结果表明，由于 $50m^3/d$ 的反压回灌设计值量小，所以对于地表的变形并没有得到较好的效果，最大沉降为 27.3mm，而提高 40% 反压回灌量后，地表的最大变形下降至 17.24mm，进一步加长嵌固端长度，最大沉降量为 13.26mm，所以在基坑施工过程中，若检测到有施工安全风险，可以通过反压回灌的方法来补救。

7.4　施工安全风险控制系统

7.4.1　施工安全风险控制指标

构建安全风险控制系统指标体系的基本过程包括三个步骤（指标体系构建流程如图 7-32 所示）：

第一步：对地下工程穿越既有结构施工过程中所存在的风险做出总体性的评判，确定指标选取原则，对评判结果进行结构性划分，以明确安全风险预警的总目标和子目标，完成指标初选工作。

第二步：对每一级子目标的概念或目标的内部结构进行进一步的细分和分解，直至每个子目标都可以用一个或几个明确的量化指标来反映。

第三步：确定每一级指标的细化指标，并对细化指标制定合理的量化标准。

在进行施工安全风险控制指标体系的建立时，不仅要考虑工程实施过程中施工主体存在的风险，受工程施工影响的周边建（构）筑物、道路、管线及地铁等设施也是安全风险预警工作考虑的重点，因此，将该工程的指标体系分为主体工程和周边环境两个子系统。参考大量项目案例，结合《上海市地铁基坑监测项目的选择原则》及《郑州市地下工程施工规范》，将主体工程安全风险预警指标划分为 5 个二级指标，9 个三级指标，如图 7-33 所示。参考《上海市地铁施工规范》《建筑地基基础设计规范》及相关文献，将周边环境指标划分为 4 个二级指标，9 个三级指标，如图 7-34 所示。

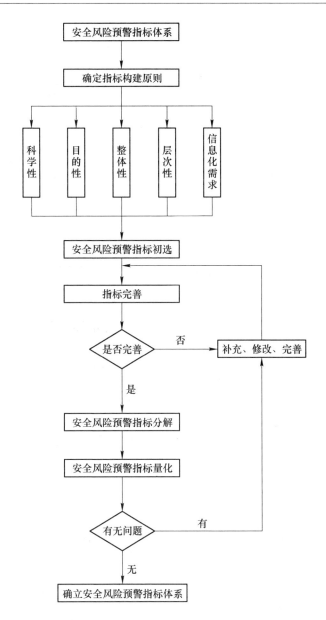

图 7-32 施工安全风险控制指标体系的建立流程

7.4.2 施工安全风险评价模型

本书选择将小波分析与 BP 神经网络进行结合，建立模型来对数据进行处置。该模型主要包括四个部分的内容，样本数据预处理、确定隐含层节点、确定模型算法及模型精度，通过以上四部分对非线性映射关系建立输入模式和输出模

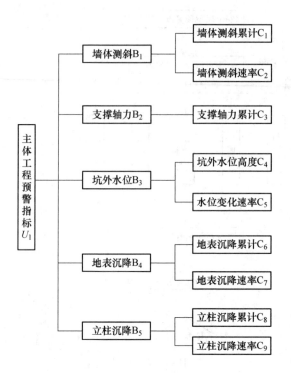

图 7-33 主体工程预警指标

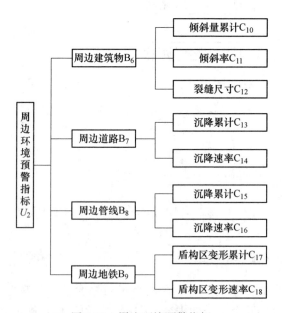

图 7-34 周边环境预警指标

式。BP 小波神经网络的实现如图 7-35 所示。

风险值都有其对应的具体的安全风险等级（见表 7-11），进行工程的安全风险等级划分一般都是以安全事故发生的概率及其后果的严重程度为依据的。在评估工程的安全风险等级时，安全管理者需要根据企业自身对风险的承受能力大小，明确风险接受的界限，同时需要给出对策对风险进行有效的控制。

7.4.3　施工安全风险控制系统

7.4.3.1　风险控制系统构建

将 BIM 技术与已建立的基于 BP 小波神经网络的安全风险评估模型、安全风险控制技术体系结合起来搭建风险控制系统。基于 BIM 技术平台建立数据库采集施工现场工作记录及仪器监控数据，嵌入安全风险评估模型进行工程项目施工安全风险动态评估，基于安全风险控制技术体系建立方法库以优化邻近既有地铁隧道的深基坑施工及既有隧道上部穿越联络通道施工安全风险控制方法。本研究所开发的安全风

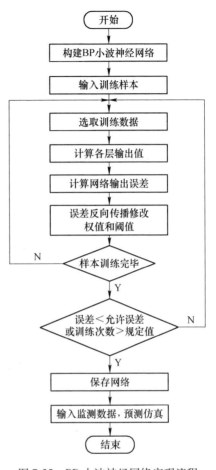

图 7-35　BP 小波神经网络实现流程

险控制系统是以 BIM 常用软件 Nawisworks 与 BIM 协同管理平台对接，实现数据共享。根据项目的实际工作特点与目前阶段 BIM 技术数据使用模式，搭设系统框架如图 7-36 所示。

表 7-11　安全风险分级

等级	风险值	可接受标准	对安全风险程度进行描述	信号颜色
一级	0~0.2	可忽略	风险发生的可能性极低，处于安全状态，无需处理	绿
二级	0.2~0.4	可接受	风险偏低，安全状况较好，需引起注意，重伤可能性很小但有发生一般伤害事故可能性，需常规管理审视	蓝

续表7-11

等级	风险值	可接受标准	对安全风险程度进行描述	信号颜色
三级	0.4~0.6	处理后可接受	风险中等,安全状况一般,一般伤害事故发生可能性较大,需进行整改	黄
四级	0.6~0.8	不可接受	存在较高的安全风险,状况不佳,隐藏的事故及其发生的可能性都比较大,需马上动手整改并且要不断进行监控	紫
五级	0.8~1.0	拒绝接受	极高的风险存在,发生安全事故的概率极高并且后果不可控制,要不断进行监控并且立即采取手段进行控制	红

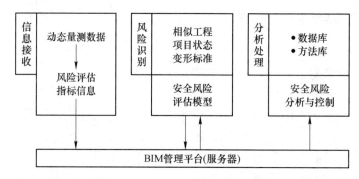

图7-36 安全风险控制系统框架

为了将BIM建立的模型在实际施工中得以应用,引入自行开发的安全风险控制系统进行验证,突破性地将BIM技术引入施工安全风险控制领域。系统平台设置有安全风险评估系统、风险控制信息浏览功能。

在安全风险控制系统执行前,需要对系统进行安全风险评估模型的嵌入(如图7-37所示),随着工程的实施、管理人员的风险意识加强、相关国家和地方法规的变化,在系统的使用过程中,为了增强适应性,提出了系统预设调整重置功能,以达到基于BP小波神经网络的安全风险评估模型嵌入和训练学习的功能,其主要界面如图7-38所示。

安全风险控制信息模块具有浏览功能,其是安全风险控制系统的核心功能,为了将安全风险进行分级统计,采用了用红、紫、黄、蓝、绿五种不同颜色来表示的五个等级的风险控制信号。管理人员可以通过不同的颜色迅速了解并判断当前基坑施工安全风险状况,并及时采取措施。该安全风险控制指标提供如下两种浏览方式:

第一,安全风险异常指标浏览。如果项目处于非安全状态,系统中异常指标可以迅速地从监控指标数目和详细定位显示出来,后通过系统的查看功能,具体

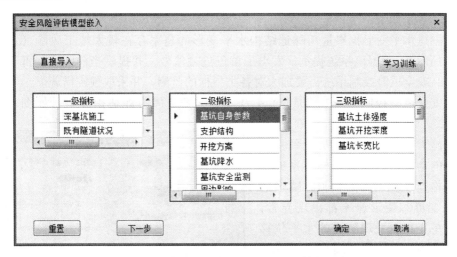

图 7-37　安全风险评估系统——安全风险评估模型嵌入界面

图 7-38　安全风险控制系统菜单栏

地查看异常指标的相关情况，包括监测点的变化趋势、测点编号、测点位置、测点安全风险指标等。

第二，可以通过选取指标树的方式进行风险控制指标浏览，在操作界面的右侧，可以选取异常指标，点击其状态，还可以查看任意状态下的指标。

第一种方式能提供异常情况下风控指标，第二种方式可以提供实时数据更新功能，实现数据的更新、重置，以及人工数据调整。

7.4.3.2　风险控制系统的运用

该项目于 2015 年 3 月采用了该系统——基于 BIM 技术的安全风险控制系统辅助项目施工管理，到目前为止，该系统高效、稳定运行，取得了较为良好的效果。其效果如下：

隧道水平变形积累量与隧道结构水平变形的速率存在较大施工风险（如图7-39所示），根据该系统提示，发出了黄色危险信号，并提示当前隧道局部变形较大，安全风险控制系统需要加大对各类指标的监测，并采取预控措施。

安全风险控制系统在2015年4月8日的安全风险评估指标信号如图7-39所示。

施工项目的技术人员看到系统提示的信号后，通过指标体系的建议，检查系统发回的数据，隧道的水平变形和变形速率都出现异常，并进一步查看发现隧道的水平位移累计有两个测点出现异常，水平变形速率有一个点出现异常，异常位置的7-K与9-F轴，其隧道水平累计为2.3mm，另一个为2.1mm，测点的变形速率2.2mm/d，如图7-40所示。

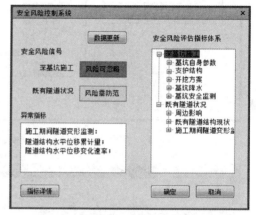

图7-39　安全风险评估指标信号

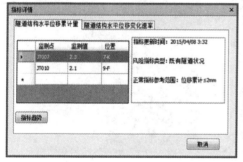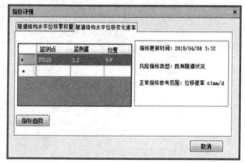

图7-40　系统提示信号

通过运用该系统，现场施工管理人员可以对施工现场的安全风险做出准确的分析和预判，并且由于该系统的可视化效果良好，改变了传统的用周线定位测点的方式，将之改为三维坐标的方式进行，反映在BIM模型中，使得监控量测的定位更加准确直观，且通过该系统能够非常方便地查看周边构筑物的信息，查看风险可能发生的部位，并有针对性地提供风险控制方案。针对4月8日的盾构风险隐患，现场工程技术人员迅速地找到荷载施加的部位，计算风险控制方案，大幅提升了风险控制的分析速度，保证了现场施工安全。

8 高速公路穿越既有铁路施工

8.1 工程概况

8.1.1 工程基本信息

本项目既有铁路线路为设计时速 200km 以上的高速铁路，每天通行客车数量 185 列，其中动车组列车 60 列，每天高峰时段平均列车通过间隔小于 3min。由于地处平原区，既有铁路路基高度（路轨底面距地面自然标高）不足 2m。

本项目位于黄淮冲积平原，水文地质环境较为复杂，实测地下水位埋深不足 2m。地形局部略有起伏，总体平坦、开阔，多为农田。根据勘探数据该地区按成因和时代可分为第四系全新统冲积层以及上更新统河湖相沉积层。土层分布见表 8-1。

表 8-1 土层分布表

层　数	土层	厚度/m	层底标高/m	层底埋深/m
第一层	耕植土	0.4~0.6	48.3~48.6	0.4~0.6
第二层	粉土	2.4~4.1	44.3~45.43	2.4~5.0
第三层	粉质黏土	0.7~2.2	42.3~44.73	3.1~7.1
第四层	粉土	1.7~3.7	40.0~41.4	10.4~13.1
第五层	粉质黏土	2.6~4.2	36.3~37.2	10.4~13.1
第六层	粉土	0.7~1.1	38.0~38.2	8.4~11.4
第七层	细砂	2.6~3.3	32.9~34.6	13.0~16.4

根据现场地质情况，最佳技术方案应为高速公路上跨陇海铁路最为合理，但实际实施过程中，认为若采用上跨方案，在后期运营中高速公路交通事故或车辆抛洒物将对高速铁路运营造成重大安全隐患，因此要求采用下穿方式通过陇海铁路。更换方案后的公铁交叉项目平面示意图如图 8-1 所示。

本项目在发生重大设计变更后，采用下穿陇海铁路方案给本项目实施造成巨大影响，导致施工难度增加、控制标准提升，主要表现如图 8-2 所示。

高速公路箱桥主体与陇海铁路交角 94.4°，桥孔跨为（14.2+14.7）m，箱桥横铁路方向长度为 19.35m。箱桥净空不小于 8m，结构净高 7.1m，底板厚

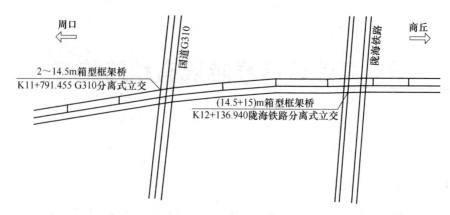

图 8-1 项目平面示意图

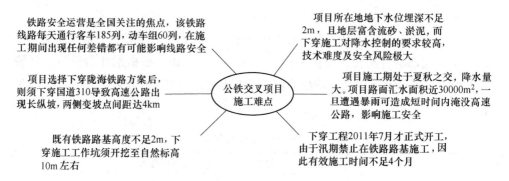

图 8-2 公铁交叉项目难点

1.0m，顶板厚 0.9m，边墙厚 0.9m，中墙厚 0.7m，道路位于半径 $R=2500m$ 的平曲线上，左侧路面超高 3.0%，箱顶防水采用 TQF-1 型防水层，并铺设 4cm 厚的纤维混凝土保护层，边墙外涂热沥青两遍。高速公路箱桥结构剖面图如图 8-3 所示。

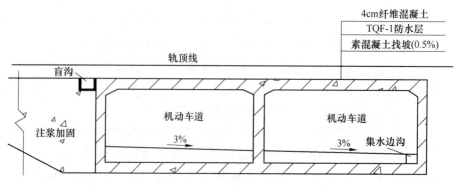

图 8-3 高速公路箱桥结构剖面图

高速公路设计行车速度：120km/h；道路纵坡：前坡−2.0%，后坡2.0%；立交净高≥5m；道路横坡：3.0%；路基横断面：0.75m 土路肩＋4.75m 硬路肩＋2×3.75m 行车道＋0.75m 路缘带＋1.5m 中央分隔带＋0.75m 路缘带＋2×3.75m 行车道＋4.75m 硬路肩道＋1.25m 土路肩＝29.5m。箱桥孔径：左幅 0.75m 路缘带＋4.75m 硬路肩＋2×3.75m 行车道＋0.75m 土路肩＋0.4m 护栏＋0.05m 曲线偏移值＝14.2m；公路荷载：公路—Ⅰ级。

既有陇海铁路为双线电气化无缝线路，上下行中心距 5m，并行等高，与公路相交处轨顶高程为 52.59m，钢轨为 60 轨。上行线为钢筋混凝土Ⅲ型枕，下行线为钢筋混凝土Ⅱ型枕，碎石道床。箱桥架空顶进与既有铁路纵断面示意图如图8-4 所示。

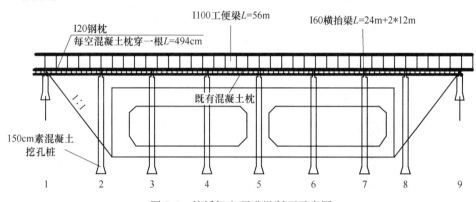

图 8-4　箱桥架空顶进纵断面示意图

8.1.2 箱桥顶进施工工艺

箱桥顶进施工主要是解决立体交通问题的一种常见施工工艺。立体交叉的道路布置形式，可以分为上立交、下立交、多层立交。尤其在公路交通与铁路交通交叉时，为保证行车安全和正常的行车速度，公铁交叉多采用立交形式，较多的是火车在原地面行驶，而汽车则在火车的下面或上面行驶。箱桥顶推施工多在下穿交叉施工中采用，由于该方案不中断已通车运营一方交通流，因此在公铁交叉施工中被广泛采用。

箱桥顶进施工原理是在被交叉道路一侧开挖基坑，预制滑板，滑板上铺洒润滑油，并在滑板上预制钢筋混凝土箱型涵洞，其宽度、高度满足行车技术要求；同时被交叉道路进行线路加固或临时支撑措施，利用油压千斤顶推动箱涵在滑板上向被交叉道路一侧滑动，同时开挖被交叉道路路基并加长滑板，直至推动箱涵从被交叉道路下部穿过；达到设计位置后，箱涵成为被穿越道路承载力受力载体；然后在箱涵前后两端连接引道与原道路连接，满足立体交通需求。

箱涵下穿顶进法一般是从工作坑的开挖围护开始，经过滑板的修筑、箱涵的预制、传力后背桩的修筑，以及对铁路线路进行必要的加固架空和顶进设备的安装等项工作后，便可对箱涵进行启动顶进。随着箱涵逐步顶入路基，要在箱涵前端将与箱涵同体积的路基土挖去，边顶边挖，直至箱涵全部进入铁轨下方并达到设计要求位置为止，其主要工艺流程如图 8-5 所示。

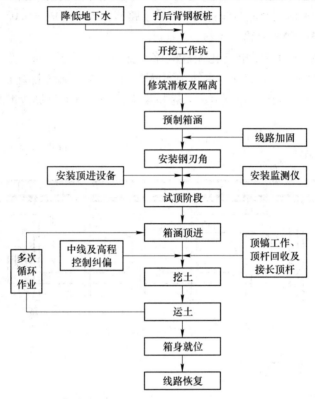

图 8-5　箱涵顶进施工主要工艺流程

8.2　既有铁路路基变形数值分析

本书运用有限差分软件 FLAC 3D，对箱桥顶进过程中既有铁路路基的受力变形状态进行仿真模拟。首先，用 FLAC 3D 有限差分软件模拟不同开挖步长工况下，既有线路路基变形的最大值，找出比较有利的开挖步长。然后在有利开挖步长的工况下，考虑列车通过顶进施工段时不同速度下对路基的变形进行模拟，从而得到顶进施工时最有利的列车运营速度。

8.2.1　基于 FLAC 3D 的既有铁路路基变形模型建立

8.2.1.1　建立计算模型

建立模型之前，为便于模型计算，对有限差分模型建立基于以下的基本假设：

（1）土体各层土和路基填筑层均按匀质水平层状分布考虑。

（2）土体及箱桥结构均看作是各向同性、连续的弹塑性材料和弹性材料。

（3）初始应力计算只考虑土体自重应力。

本书将铁路路轨和加固结构的纵梁、横梁均看作梁单元，分别用 Beam 单元模拟；加固结构的支撑桩看成桩单元，用 Pile 单元来模拟；将箱桥及铁路路基、地层都看成是空间实体单元，用 Zone 模拟。该工程由于是公路箱桥与既有铁路运营线交叉穿越，FLAC 二维模型难以反映此种空间结构的受力状态，故采用三维有限差分模型来建立模型进行计算。根据工程地质勘测资料及箱桥结构施工图纸，计算模型中的路基及土体沿着既有铁路线纵向取 150m，土体宽度取 130m，土体厚度取 30m。计算模型底面和四周立面均采用法向简支约束，地面部分为自由面。箱桥顶进方向与 Y 轴（正向）成 18°，竖直方向为 Z 轴（向上为正），水平面为 XY 平面，总体计算模型共划分 50936 个单元，64696 个节点，地基和箱桥结构采用 Mohr-Coulomb 准则。模型如图 8-6~图 8-8 所示。

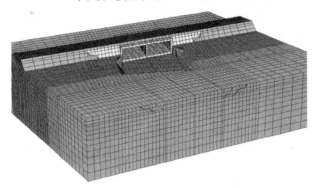

图 8-6 总体模型示意图

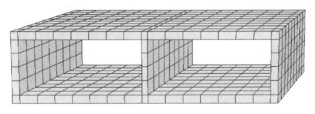

图 8-7 箱桥结构模型示意图

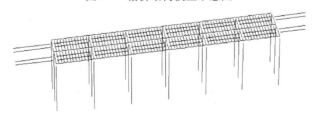

图 8-8 既有线路加固结构模型示意图

8.2.1.2　模型计算参数

为了计算模型建立的方便，根据工程地质勘察报告对工程地质情况进行简化，假定土层厚度一定，重力加速度取为 $10m/s^2$，铁路路基填筑层计算参数根据铁路路基设计规范进行选取，见表 8-2。

表 8-2　铁路路基填筑层计算参数

填料名称	厚度/m	密度 /kg·m⁻³	体积模量 /MPa	切变模量 /MPa	摩擦角 /(°)	黏聚力 /kPa
级配碎石	0.70	2000	57.14	52.17	60.00	0.00
AB 组土	2.22	2000	28.57	26.09	30.00	20.00
填土	1.60	1950	8.33	6.25	30.00	15.00
碎石垫层	0.40	2000	57.14	52.17	60.00	0.00

加固结构人工挖孔桩采用桩单元建立，桩长 12m，桩径 1.25m，桩身采用 C25 混凝土灌注，桩身弹性模量 $E_0 = 2.8 \times 10^{10} Pa$，泊松比 $\mu = 0.2$。箱桥结构采用实体单元模拟，采用 C25 混凝土浇筑而成，抗拉强度 $f_t = 1.78 \times 10^6 Pa$，体积模量 $K = 2.029 \times 10^{10} Pa$，切变模量 $G = 1.102 \times 10^{10} Pa$，泊松比 $\mu = 0.2$。

所建模型地层参数，根据工程地质勘察报告结合工程施工地区的实际经验选取，各土层计算参数见表 8-3，轨道及加固结构计算参数见表 8-4。

表 8-3　各土层计算参数

岩性名称	厚度/m	密度 /kg·m⁻³	体积模量 /MPa	切变模量 /MPa	摩擦角 /(°)	黏聚力 /kPa
①粉土	1.840	1.70	17.50	8.19	9.0	38.5
②粉质黏土	1.750	1.20	8.75	4.04	36.0	10.2
③粉土	1.930	10.60	23.03	10.63	7.0	33.1
④粉质黏土	1.920	4.20	11.50	5.31	33.0	15.7
⑤粉质黏土夹粉土	1.950	4.70	13.12	6.05	25.0	20.0
⑥粉质黏土	1.900	3.70	11.50	5.31	33.0	13.5
⑦粉砂	2.000	1.60	37.50	17.31	7.0	33.1
⑧粉质黏土	1.910	2.30	14.25	6.58	30.0	13.1

表 8-4　轨道及加固结构计算参数

名称	型号	弹性模量 /Pa	泊松比	惯性矩 /m⁴	面积 /m²	密度 /kg·m⁻³
钢轨	60	2.059×10^{11}	0.27	3.217×10^{-5}	7.745×10^{-3}	7830
纵梁边梁	I100	2.1×10^{11}	0.27	7.357×10^{-3}	0.4448	7830

续表 8-4

名称	型号	弹性模量/Pa	泊松比	惯性矩/m⁴	面积/m²	密度/kg·m⁻³
纵梁中梁	I40	$2.1×10^{11}$	0.27	$2.01×10^{-3}$	$2.042×10^{-2}$	7830
工字钢横梁1（2根一束）	I40	$2.1×10^{11}$	0.27	$2.01×10^{-3}$	$2.042×10^{-2}$	7830
工字钢横梁2（4根一束）	I40	$2.1×10^{11}$	0.27	$4.02×10^{-3}$	$4.084×10^{-2}$	7830

8.2.1.3 线路荷载的施加

该模型计算时，铁路列车产生的竖向荷载采用"中-活载"的普通活载，并将不同运行速度下的荷载进行折减，以均匀线荷载的形式加载到铁路轨道上。其荷载加载形式如图 8-9 所示。

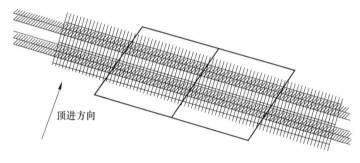

图 8-9 荷载加载形式

8.2.2 不同顶进步长对铁路既有线路基变形影响分析

工作坑开挖后预制箱桥，而后在顶推设备作用下将箱桥推入铁路路基下，到达预定位置。假定列车在施工期间以 45km/h 的速度通过施工路段时，采用三种不同的开挖顶进步长（1m、2m、3m），分析对铁路路基沉降的影响。

箱桥顶进总路程为 33.55m，具体开挖顶进工况设计如下：

（1）计算步 1：开挖工作坑边坡至铁路路基边坡部分的土体；

（2）计算步 2：顶进至开挖面；

（3）计算步 3：开挖 1.0m（2m、3m）土体；

（4）计算步 4：顶进到开挖面；

（5）计算步 5~44：重复 3、4 步的操作。

根据模型计算结果，绘出箱桥顶进步长分别为 1m、2m、3m 时铁路路基边坡沉降曲线，具体见表 8-5。

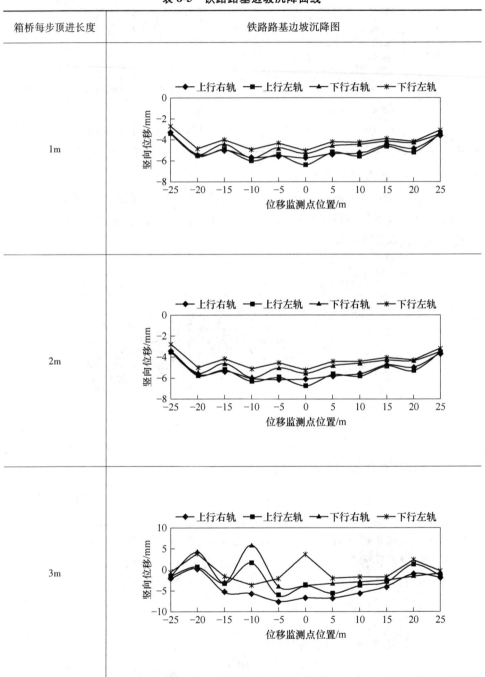

表 8-5   铁路路基边坡沉降曲线

根据模型计算结果，绘出箱桥顶进步长分别为 1m、2m、3m 时铁路路基沉降曲线，具体见表 8-6。

表 8-6 不同箱桥顶进步长下铁路路基沉降曲线

箱桥每步顶进长度	顶进路基距离	铁路路基沉降图
1m	6m	
	12m	
	18m	
2m	6m	

续表 8-6

箱桥每步 顶进长度	顶进路基距离	铁路路基沉降图
2m	12m	
	18m	
3m	6m	
	12m	

箱桥每步顶进长度	顶进路基距离	铁路路基沉降图
3m	18m	

从表 8-6 中可以看出当采用 1m 步长顶进箱桥时，既有铁路路基沉降均小于《铁路线路维修规则》关于线路轨道静态几何尺寸容许偏差值 10mm 的规定；沿铁路线路纵向最大沉降坡度为 0.43‰，小于《铁路线路维修规则》中关于铁路沿线路纵向 20m 范围内变坡率凸形不大于 1‰，凹形不大于 0.5‰的规定。因此，列车以 45km/h 的速度运行时，以步长 1m 的工况顶进施工是比较安全的。

同时，当采用 2m 步长顶进箱桥时，既有铁路路基沉降均小于《铁路线路维修规则》关于线路轨道几何尺寸容许偏差值 10mm 的规定；沿铁路线路纵向最大沉降坡度为 0.47‰，相比步长 1m 的工况稍有增大，但仍小于《铁路线路维修规则》中关于铁路沿线路纵向 20m 范围内变坡率凸形不大于 1‰，凹形不大于 0.5‰的规定。因此，列车以 45km/h 的速度运行时，以步长 2m 的工况顶进施工是比较安全的。

采用 3m 步长顶进箱桥时对铁路路轨影响很大。铁路最大沉降 6.968mm，顶进过程中下行线出现右轨沉降、左轨隆起现象，左右轨最大沉降差达 7.4835mm。两者虽均小于《铁路线路维修规则》关于线路轨道几何尺寸容许偏差值 10mm 的规定，但沿铁路线路纵向上行线与下行线多处沉降坡度大于 1‰，其中最大沉降坡度达到 1.99‰，远大于《铁路线路维修规则》中关于铁路沿线路纵向 20m 范围内变坡率凸形不大于 1‰，凹形不大于 0.5‰的规定。

对比 1m、2m、3m 三种步长顶进施工的计算结果综合分析，可以看出：列车在以 45km/h 的速度运行时，顶进步长在 2m 之内（包含 2m）时，铁路路轨不会出现过大的沉降量和过大的左右轨沉降差，且沿铁路线路纵向沉降坡度在规范规定范围之内，对铁路线路的正常运营影响不大。此外，顶进施工时，铁路线路沉降主要发生在从工作坑边坡开挖顶进至铁路路基阶段。当顶进步长加大到 3m 时，铁路线路沉降量虽在规范规定范围之内，但沿铁路线路纵向沉降坡度已经超出规范规定，将会影响到铁路线路的安全运营。因此，列车运行速度在 45km/h

时，综合考虑施工进度、施工质量等的要求，认为以 2m 步长顶进施工比较合理。

8.3 施工安全风险因素分析

公铁交叉施工安全风险是由多种因素相互作用、影响的结果，既与箱涵下穿顶进施工过程中的设计、施工方案有关，也与施工区域的水文、地质情况有关，甚至还与各种人为因素有关。根据以往案例与实地调研分析的结果，主要风险为箱桥顶进、列车动载、施工降水导致既有铁路路基变形以及箱桥积水威胁高速公路运营安全风险等。

8.3.1 箱桥顶进导致铁路路基变形的风险

箱桥顶进法是在岩土体内部进行的，由于施工技术及周围环境和岩土介质的复杂性，即使采用最先进的施工设备，无论其埋深大小，开挖施工将不可避免地扰动地下岩土体，使其失去原有的平衡状态，而向新的平衡状态转化。顶进开挖过程中由于地层物质被挖出，自洞室临空面向地层深处一定范围内地层应力将发生调整，宏观表现为地层移动与变形。对于箱涵顶部覆土很薄的情况，这一范围将波及地表，形成地表沉降槽，导致道路路面破损、地下既有管线破损、地上建筑物不均匀沉陷等。

在箱桥下穿顶进铁路路基的过程中，路基变形可能会导致铁路既有线铁轨沉降，进而可能发生铁路重大交通事故；也可能由于在顶进过程中土体受力不均，从而导致箱桥顶偏等。

高速公路穿越铁路箱桥下穿顶推施工过程中，开挖工作坑、顶进过程中开挖土方均会对铁路路基造成不同程度的影响。

工作坑开挖会引起周围岩土体疏水，使岩土体内地下水位下降，同时使开挖岩土体失去部分横向支撑，基坑侧壁岩土体将向开挖空间产生移动，岩土体疏水会使骨架的有效应力增大，从而引起岩土固结加密，导致岩土体的沉降与变形。

顶推作业时，铁路线路经过路基注浆加固，挖孔灌注桩的施工，以及路线架空，铁路轨道通过钢构结构架在支撑桩与箱桥顶部。铁路路基开挖会影响支撑桩的摩擦力，也会扰动路基土体进而引起铁路轨道的沉降。

8.3.2 列车动载导致铁路路基变形的风险

在既有铁路线下施工时，铁路线路正常运营，但是穿越结构尚处于不稳定状态，列车通过时所产生的动荷载对穿越工程结构将产生不利影响，最有可能会导致铁路路基变形。

8.3.3 施工降水导致铁路路基变形的风险

箱桥顶进法施工时，首先应进行基坑开挖。本项目箱桥顶进基坑开挖深度较深，基坑基底标高远低于地下水位。因此在基坑开挖时，不仅要保证基坑自身的稳定性，还要保证基坑铁路线路的安全。如果积水在坑内不能及时排除，就会影响基坑的稳定性，给工程带来一定程度的危害。基坑失稳一方面是由于基坑支护体系失稳造成的；另一方面是由于基坑降水过程破坏了原有的水土平衡，引起基坑周围环境条件的改变造成的。

在基坑降水时，含水层发生压缩变形，将产生降水曲线漏斗，降水也会导致土体间孔隙水压力的减小。由于含水层中砂粒自身强度较高，加之颗粒周围存在带压的水，当水位降深较小时，砂粒之间的位置难以得到调整，宏观上表现出的压缩量极小，且很快趋于稳定，当水位降深增大，宏观上表现出的压缩量也会相应增大。

在降水期间，黏性土的固结度随着时间的持续会慢慢增大。在施工结束后，降水作业停止，路基会出现回弹现象，也会对铁路线路产生影响。

8.4 施工安全风险评价

8.4.1 施工安全风险评价指标

通过施工现场调研和相关专家反复论证，本书最后优选确定出自然环境因素、物品设备因素、人员因素、安全技术因素和组织管理因素五大子类构成安全风险评估指标体系，并将五大子类具体细分为 16 个安全风险评价指标，如图 8-10 所示。

8.4.2 施工安全风险评价模型

高速公路下穿既有铁路的安全风险评价是一个较为复杂的非线性回归问题，本书针对高速公路下穿既有铁路工程提出一种基于支持向量回归机的安全风险评价模型。该模型的建立以前文的安全风险评价指标体系为基础，根据相关评分标准和等级标准收集有效数据作为输入向量，选取合适的参数和核函数进行训练，确保评价模型的精确度，为以后类似工程的安全风险进行有效评价，并对后期安全控制提供有力依据。具体步骤如图 8-11 所示。

（1）样本数据收集及归一化处理。根据前文建立的安全评价指标体系，参考相关评价标准的制定方法，研究组采取德尔菲法制订了各项指标的评分标准，见表 8-7。基于各指标的评分标准，将商周二期高速公路实地调查和专家调查收集的数据作为样本数据进行输入。

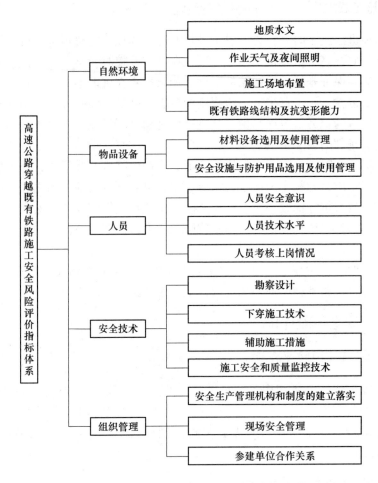

图 8-10 施工安全风险评价指标体系

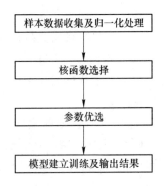

图 8-11 基于支持向量机施工安全风险评价模型建立步骤

表 8-7 安全风险评估指标评分标准

评估指标	内　容	评分标准
地质水文 （1）	地质情况复杂，地下水位高，常导致施工停止	0~20 分
	地质情况较差，地下水位较高，对施工产生较大影响	20~40 分
	地质情况一般，地下水位一般，对施工产生部分影响	40~60 分
	地质情况较好，地下水位较好，偶尔对施工产生小影响	60~80 分
	地质情况良好，地下水位良好，无影响施工	80~100 分
作业天气 及夜间照明 （2）	常有恶劣天气，夜间照明不足，导致施工停止	0~20 分
	较多恶劣天气，夜间照明昏暗，对施工进程产生较大影响	20~40 分
	较多不良天气，夜间照明满足基本要求，对施工进程产生部分影响	40~60 分
	偶有不良天气，夜间照明较好	60~80 分
	天气良好，夜间照明充足	80~100 分
施工场地布置 （3）	布置非常混乱，各项作业无法协调顺利进行	0~20 分
	布置比较混乱，部分作业无法协调顺利进行	20~40 分
	布置基本合理，作业顺利进行，但各种作业之间不协调性较大	40~60 分
	布置较为合理，作业顺利进行，各种作业之间偶有不协调现象	60~80 分
	布置合理，各种作业协调流畅	80~100 分
安全设施 及防护用品 选用使用管理 （4）	无安全设施，无防护用品发放	0~20 分
	安全设施质量较差，多数防护用品发放不足	20~40 分
	安全设施质量一般，部分防护用品发放不足	40~60 分
	安全设施质量较好，少数防护用品发放不足	60~80 分
	安全设施质量好，防护用品发放充足	80~100 分
既有铁路线结 构抗变形能力 （5）	既有铁路线结构老化严重，抗变形能力很差	0~20 分
	既有铁路线结构老化较重，抗变形能力较差	20~40 分
	既有铁路线结构老化情况一般，抗变形能力一般	40~60 分
	既有铁路线结构及抗变形能力较好	60~80 分
	既有铁路线结构及抗变形能力处于优良状态	80~100 分
材料设备选用 及使用管理 （6）	选用材料设备不当，使用过程中无人检测、维修及保养	0~20 分
	选用材料设备性能较差，使用过程中极少进行检测、维修及保养	20~40 分
	选用材料设备性能一般，使用过程中的检测、维修及保养工作基本满足要求	40~60 分
	选用材料设备性能较好，使用过程中偶有检测、维修及保养不及时现象	60~80 分
	选用材料设备性能优良，使用过程中及时检测、维修及保养	80~100 分

评估指标	内　　容	评分标准
人员技术水平 （7）	技术很差，无法完成作业	0~20 分
	技术较差，违章操作情况严重	20~40 分
	技术一般，违章操作情况较少	40~60 分
	技术较好，偶尔出现违章操作情况	60~80 分
	技术娴熟，无违章操作情况	80~100 分
人员的 安全意识 （8）	无安全意识，不愿进行安全防护	0~20 分
	安全警惕性较差，不能正确使用安全防护用品	20~40 分
	安全警惕性一般，基本能够正确使用安全防护用品	40~60 分
	安全警惕性较好，偶有安全防护用品使用不当现象	60~80 分
	安全警惕性高，正确使用安全防护用品	80~100 分
人员考核上岗 （9）	人员未经考核直接上岗	0~20 分
	极少人员经考核后上岗	20~40 分
	部分人员经考核后上岗	40~60 分
	多数人员经考核后上岗	60~80 分
	全部人员经考核后上岗	80~100 分
安全生产管理 机构和制度 建立落实 （10）	未建立安全管理机构，无安全管理制度	0~20 分
	未明确安全管理机构，安全管理制度不明确，基本未落实	20~40 分
	建立的安全管理机构不完善，安全管理制度内容不全，落实较差	40~60 分
	安全管理机构和安全管理制度的建立和落实情况符合基本要求	60~80 分
	建立健全的安全管理机构和制度，并落实	80~100 分
现场安全管理 （11）	现场管理混乱，无组织计划	0~20 分
	现场管理和组织效果很差	20~40 分
	现场管理和组织多有不力之处	40~60 分
	现场管理和组织偶有不力之处	60~80 分
	现场管理和组织良好、有效	80~100 分
参建单位 合作关系 （12）	参建单位之间合作关系很差，互相不配合	0~20 分
	参建单位之间合作关系较差，偶尔配合	20~40 分
	参建单位之间合作关系一般，配合工作基本满足要求	40~60 分
	参建单位之间合作关系较好，偶有互不配合情况	60~80 分
	参建单位之间合作关系良好，主动相互配合各项工作	80~100 分
勘察设计 （13）	勘察资料不符合现场情况，设计方案不适合现场施工	0~20 分
	勘察设计方案存在不合理之处，多数情况和现场实际不符合	20~40 分

评估指标	内　　容	评分标准
勘察设计 （13）	勘察设计方案基本合理，数据资料基本满足要求	40~60 分
	勘察设计方案合理有效，偶有数据资料不符合现场实际情况	60~80 分
	勘察设计方案合理有效，勘察数据真实，设计方案全面	80~100 分
下穿施工技术 （14）	没有完整连续的下穿施工方案	0~20 分
	下穿施工方案有不合理之处，常需调整挖土量或方向等，致施工停止	20~40 分
	下穿施工方案基本合理，常有不良现象，调整后无妨，但影响施工进度	40~60 分
	下穿施工方案合理有效，施工过程偶有不良现象	60~80 分
	下穿施工方案合理有效，未有影响工程施工	80~100 分
辅助施工措施 （15）	无完整连续的辅助施工方案	0~20 分
	辅助施工方案基本无效，常致路面施工停止	20~40 分
	辅助施工方案大多不合理，常有影响路面施工等现象	40~60 分
	辅助施工方案有少许不合理之处，可导致与路面施工小冲突	60~80 分
	辅助施工方案合理有效，无与路面施工冲突现象	80~100 分
施工安全和 质量监控技术 （16）	没有进行完整连续的施工安全和质量监控	0~20 分
	极少进行施工安全和质量监控，常导致施工停止	20~40 分
	施工安全和质量监控工作基本满足要求，但常出现问题影响施工	40~60 分
	施工安全和质量监控工作良好，偶有欠缺，偶有问题影响施工	60~80 分
	施工安全和质量监控工作合理有效，施工顺利	80~100 分

为了满足后续计算要求且提高计算精度，一般需要将样本数据进行压缩。由于安全风险评估指标数据一般为正实数，本书将数据归一化至 0~1 之间，其计算公式为 $x = \dfrac{x_i - x_{min}}{x_{max} - x_{min}}$。

（2）核函数选择。支持向量回归机是利用核函数将非线性问题变换至线性问题进行运算，不一样的核函数会对支持向量机模型产生不一样的性能，同时对回归问题的解决产生不一样的结果。因此，选择合适核函数是构造支持向量回归机模型的一个核心。目前各类研究选取的核函数主要有三类：多项式核函数、径向基核函数、Sigmoid 核函数。其中径向基核函数具有较强的插值能力且涉及的参数较少，能够降低计算工作量。基于径向基核函数的普适性，本书支持向量回归机模型选择径向基核函数。

（3）最佳参数选择。根据选定的径向基核函数，支持向量机模型需要确定的主要参数有核宽度 g 和惩罚因子 C，模型中选用的参数将直接决定最终分析结果。本书采用同时考虑两个参数的步长网格搜索法进行参数寻优；该方法分为粗略选择和精细选择两步走：第一步，选定一个 g 和 C 的大区域取值范围，然后根据设定的搜索步长训练每组参数 (g, C)，并计算其准确率；第二步，根据粗略选择结果找出参数组合较优区域，并在此区域进一步细分参数取值范围，然后训练每组参数并计算准确率。

（4）模型建立训练及结果输出。支持向量回归机模型经过优化训练之后则可建立评估模型，输出结果即为新建高速公路下穿既有铁路工程的安全风险值。安全风险等级一般由发生安全事故的可能性和后果的严重性决定，每一风险值对应一个安全风险等级，见表8-8。根据工程的安全风险等级，管理者应结合实际制定相关措施，对安全风险进行有效控制。

表8-8　安全风险等级

风险等级	风险描述
一级（0~0.2）	安全风险极低，工程安全性很好
二级（0.2~0.4）	安全风险偏低，工程安全性较好
三级（0.4~0.6）	安全风险中等，工程安全性一般
四级（0.6~0.8）	安全风险较高，工程安全性较差
五级（0.8~1）	安全风险极高，工程安全性很差

8.4.3　施工安全风险等级

8.4.3.1　样本数据采集

通过向参与本工程或类似工程的人员发放调研表，将采集到的数据作为样本输入或输出。本次调研共发放关于工程的调查问卷50份，回收有效问卷35份。基于专家基本一致的客观程度，对每个样本的评估指标数据平均处理，见表8-9，并将此作为样本训练和检验支持向量机模型。表8-9中的行表示工程的10个样本，列表示16个评估指标，最后一行表示专家根据工程给予的综合安全风险值。

表8-9　样本评估数据

样本	1	2	3	4	5	6	7	8	9	10
Z_1	75	90	50	25	75	50	75	25	75	75
Z_2	75	85	75	60	75	50	75	25	75	75
Z_3	75	75	75	75	85	75	87.5	75	87.5	90
Z_4	85	100	50	25	87.5	75	87.5	50	100	100
Z_5	85	90	75	50	87.5	75	75	50	87.5	87.5
Z_6	85	87.5	75	75	75	62.5	87.5	75	82.5	75
Z_7	50	75	75	50	75	62.5	87.5	62.5	62.5	50

样本	1	2	3	4	5	6	7	8	9	10
Z_8	75	75	75	50	75	75	75	75	75	75
Z_9	100	100	72.5	75	87.5	75	100	75	100	100
Z_{10}	90	100	85	62.5	80	87.5	100	62.5	100	75
Z_{11}	85	75	75	60	75	75	75	75	85	82.5
Z_{12}	80	100	75	60	75	75	75	50	100	75
Z_{13}	75	75	62.5	50	50	75	75	75	85	82.5
Z_{14}	100	100	87.5	75	87.5	80	100	75	100	90
Z_{15}	80	87.5	75	50	50	75	85	50	100	75
Z_{16}	75	75	72.5	50	75	62.5	62.5	50	85	75
Z	0.25	0.15	0.5	0.75	0.35	0.4	0.2	0.7	0.1	0.3

为了便于后期计算，根据施工安全风险评价模型将所得样本数据进行归一化处理，所得数据见表 8-10。

表 8-10 归一化后数据

样本	1	2	3	4	5	6	7	8	9	10
Z_1	0.5	0.6	0	0	0.667	0	0.333	0	0.333	0.5
Z_2	0.5	0.4	0.667	0.7	0.667	0	0.333	0	0.333	0.5
Z_3	0.5	0	0.667	1	0.933	0.667	0.667	1	0.667	0.8
Z_4	0.7	1	0	0	1	0.667	0.667	0.5	1	1
Z_5	0.7	0.6	0.667	0.5	1	0.667	0.333	0.5	0.667	0.75
Z_6	0.7	0.5	0.667	1	0.667	0.333	0.667	1	0.533	0.5
Z_7	0	0	0.667	0.5	0.667	0.333	0.667	0.75	0	0
Z_8	0.5	0	0.667	0.5	0.667	0.667	0.333	1	0.333	0.5
Z_9	1	1	0.6	1	1	0.667	1	1	1	1
Z_{10}	0.8	1	0.933	0.75	0.8	1	1	0.75	1	0.5
Z_{11}	0.7	0	0.667	0.7	0.667	0.667	0.333	1	0.6	0.65
Z_{12}	0.6	1	0.667	0.7	0.667	0.667	0.333	0.5	1	0.5
Z_{13}	0.5	0	0.333	0.5	0	0.667	0.333	1	0.6	0.65
Z_{14}	0.5	1	1	1	1	0.8	1	1	1	0.8
Z_{15}	0.6	0.5	0.667	0.5	0	0.667	0.6	0.5	1	0.5
Z_{16}	0.5	0	0.6	0.5	0.667	0.333	0	0.5	0.6	0.5
Z	0.25	0.15	0.5	0.75	0.35	0.4	0.2	0.7	0.1	0.3

8.4.3.2 核函数选择和参数寻优

根据前文支持向量机理论可知，利用支持向量机解决回归问题是一个二次规划求解问题，计算难度和数量都比较大，所以采用 MATLAB 软件 Libsvm 软件包实现基于支持向量机的新建高速公路下穿既有铁路工程安全风险评估研究。

首先将表 8-10 中的 1~7 个样本数据分为 7 个互不相交的子集，设定粗略选择大区域的范围为 $g \in (-8, 8)$、$C \in (-8, 8)$，两个参数的调整步长均为 1；再设定第一组数据为验证集，其余六组数据为训练集，得到一组参数 (g_1, C_1)，依次类推可以得到 7 组参数；然后在参数组合的较好区域精细选取最优参数，所得结果见图 8-12~图 8-15。

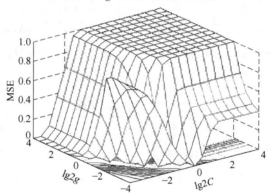

图 8-12　参数粗略选择结果 3D 图

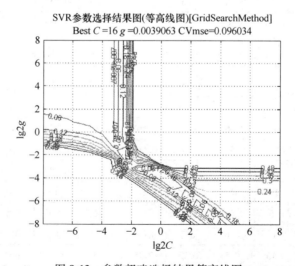

图 8-13　参数粗略选择结果等高线图

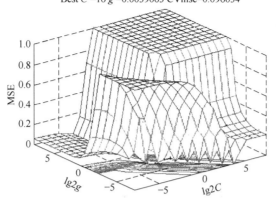

图 8-14 参数精细选择结果 3D 图

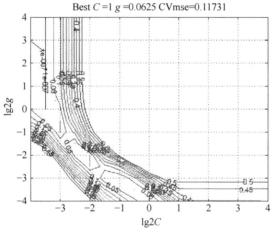

图 8-15 参数精细选择结果等高线图

由图 8-10~图 8-13 可知，引用径向基核函数的支持向量机模型的最佳参数为 $g = 0.0625$，$C = 1$。

8.4.3.3 评估模型检验

利用已经训练好的安全风险评估模型，对表 8-10 中的第 8~10 个标段进行安全风险预测评估，通过比较期望输出值和网络输出值的相对误差来检验该模型的泛化能力。

相对误差公式为

$$E_r = \frac{x_p - x_o}{x_o} \times 100\%$$

式中　x_p——网络输出；

　　　x_o——期望输出。

检验结果见表 8-11。

表 8-11　检验结果输出

样　本	8	9	10
网络输出	0.64	0.18	0.29
期望输出	0.7	0.1	0.3
相对误差	-8.75%	8%	-3.33%

8.4.3.4　结果分析

根据表 8-11 的分析结果，设定支持向量机模型的参数 $g = 0.0625$，$C = 1$，通过对商周二期高速公路 10 个样本数据进行安全风险评估，可得运行结果为：均方误差 = 0.1276，相关系数 = 88.7137%。

8.5　施工安全控制措施

8.5.1　铁路路基沉降观测

铁路路基沉降观测是预防路基变形导致安全事故的重要措施。沉降观测应在施工全过程开展。铁路路肩设 3 个沉降观测点，在与公路中线相交处设一个，中心两侧 15m 各设一个，路基坡脚设 3 个观测点，降水期间每隔 1h 测一次，如发现沉降量大于 5mm，应立即停止施工。

8.5.2　箱桥顶进步长控制

前文分析，在箱桥顶进阶段，顶进步长在 2m 以内时，铁路线路的沉降曲线较为平缓，不会出现大的沉降量、沉降差及沉降坡度，不会对铁路运营产生较大影响；开挖步长增大到 3m 时，铁路线路沉降量虽在规范规定范围之内，但沿铁路线路纵向沉降坡度已经超出规范规定，部分段轨道出现波浪形变形，将会影响到铁路线路的正常运营。虽然采取路基注浆措施可以减少路基变形风险，但为确保一定的安全储备，箱桥顶进步长宜控制在 2m 以内。

顶进过程中，当箱桥主体顶进至横梁下时，在箱桥顶板上沿轴线方向安放钢垫板，其上放小滑车，支撑在工字钢横梁下面，沿线路方向每隔 4m 放一组小滑车，形成一排。小滑车与工字钢横梁之间的空隙用木楔或枕木加木楔的方式联紧，保证滑车在钢垫板上滚动。滑车的方向应与桥体顶进前进方向一致。滑车安装好后，继续向前顶进，当顶进到防护桩和支撑桩跟前时，先拆除防护桩和支撑桩，再继续向前顶进。当一片工字钢的另一端也到达架空区时，加另一排滑车，以此类推，直至顶进就位。为保证线路安全，同时避免上部荷载过多由小滑车车轮承担，沿线路方向每两个小滑车之间的混凝土枕下顺混凝土枕的方向放枕木若干层形成枕木垛，与小滑车一并承受上部荷载的压力，加大安全系数。

（1）当框架桥在工作坑底板上移动时，其程序如图 8-16 所示。

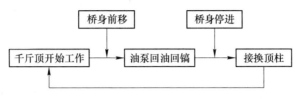

图 8-16　框架桥在工作坑底板上移动时的工作程序图

（2）桥身与路基接触后，增加挖运土方工序。其程序如图 8-17 所示。

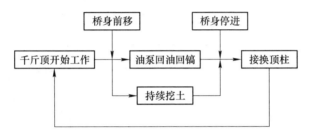

图 8-17　框架桥与路基接触后的工作程序图

顶进过程应设置观察站并安装观测仪器。设置方法如下：观测站的设置位置应离后背有一定距离，以免后背变形而影响观测仪器的稳定。在桥身顶板的四个角上，固定水平标尺及竖向标尺一根，便于顶进中的高程测量和方向偏差的观测。在后背一侧设置一个横向观测站，后背梁两端设立标尺，用于后背变形的观测。

顶进时利用列车间隙进行。为保证安全，顶进施工时设置远近方防护，顶进作业中按规定设防护标志，并在施工地点与车站分别设专职联络人员和防护人员，用电话或无线电话联系，以确保行车及人身安全。顶进中，开挖、开顶、停顶由施工负责人统一指挥，令行禁止，随时注意观察顶柱、横梁、顶镐、后背及线路变化，发现问题及时处理。顶进挖土坚持四不挖制度，即列车通过时不开挖、桥体顶进时不开挖、发生塌方现象时不开挖、机械发生故障时不开挖。

8.5.3　列车运行速度控制

铁路运输中，折返站折返能力、最小追踪间隔时间、投运的车体数量及列车编组数量等是影响线路运输能力的主要因素。施工期间列车运行速度 45km/h，每步顶进长度 2m 是比较理想的施工工况。

为达到列车限速 45km/h 的要求，施工单位要提前一个月向铁路局提出施工计划。施工计划包括工点的起止里程、期限、时间、施工方案，对列车运行的要求等。然后由铁路局以正式文件下达到有关站、段施工单位。施工前，施工单位须按批准的运输方案（施工方案）通过车站值班员向列车调度员提出申请，列车调度员根据施工计划向施工区间两端车站、有关配合单位和施工单位发出限速运行命令。施工单位按调度命令组织施工并设好慢行防护。

8.5.4　降水控制

基坑开挖前先用管井提前 10 天进行降水作业，基坑开挖 3m 深后再施工真空管降水，之后真空泵与管井一同施工降水，见图 8-18 和图 8-19。

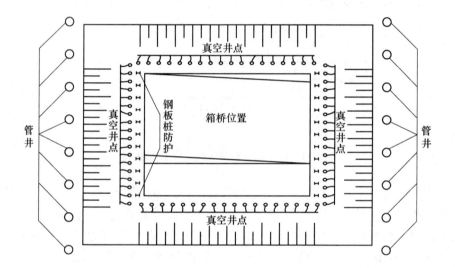

图 8-18　商周二期下穿陇海铁路降水平面布置图

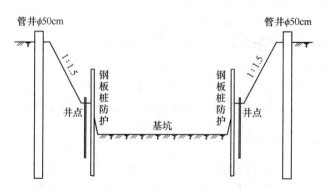

图 8-19　商周二期下穿陇海铁路降水剖面布置图

8.5.5 铁路路基注浆加固

为加强路基整体性能，减小顶进过程中箱桥四周的摩阻力，在一定区域内对路基进行注浆。注浆材料采用添加早强剂的砂浆，注浆压力采用 0.2~0.5MPa，分两次压浆，顶进挖土前先对路基进行加固处理，待箱桥顶进就位后进行二次补浆。路基注浆区域如图 8-20 所示。

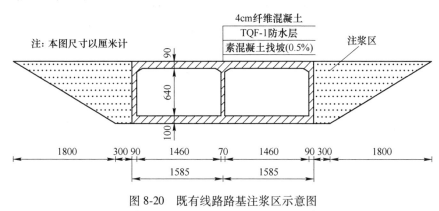

图 8-20 既有线路路基注浆区示意图

注浆分两次进行，基坑开挖前先对路基进行加固处理，待箱桥顶进就位后进行二次补浆。注浆面距枕底 0.7m，注浆后基床不再进行封闭处理，空洞穴内填充密实。钻好孔后随即安放注浆管进行注浆工作，注浆采用隔孔注浆，严禁连孔集中灌注。注浆必须连续进行，若因设备故障或雨天等中断，应及早采取设备修复和连续轮班、倒班等处理措施，尽快恢复。

8.5.6 铁路线路加固

本箱桥加固采用 I100 工便梁纵梁与 H70 横抬梁、钢枕组合架空方案。线路架空采用便梁法，即沿陇海铁路纵向设置 56m 便梁架空线路，便梁接头处采用高强度螺栓连接。便梁两端采用 1.5m 钢筋混凝土挖孔桩作支点，在纵梁与支撑桩间主架空采用 5 组 24mH70 横抬梁每组 2 片等强度连接，附架空 2 组 12m 采用 2 片 H70 型钢和 2 组 12m 3 片 150 型钢，横抬梁两端置于 1.5m 混凝土挖孔桩上，箱顶到相应位置时将混凝土桩拆掉，此时横抬梁已经置于结构顶板上，为减小该处结构顶板上的摩擦力，在顶进过程中横梁下对应位置放置钢滑车减小摩擦力，并在箱桥顶板预埋拉环，用导链锚固铁路轨道，以保证线路的几何形状。

横抬梁中间枕木孔每孔穿一根钢枕，共 160 根，加固长度 56m，加固上下行线二股道。加固期间列车限速 45km/h，慢行区间为 DK378+700~DK378+900，慢行距离为 200m。

具体加固流程如图 8-21 所示。

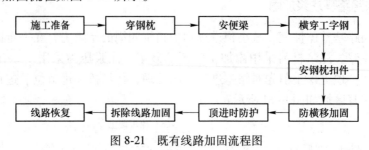

图 8-21 既有线路加固流程图

9　新建地铁穿越既有地铁施工

9.1　工程概况

9.1.1　工程基本信息

北京市某新建地铁线在一站口处采用浅埋暗挖法下穿既有地铁线施工,如图9-1所示。该站结构为双柱三跨岛式暗挖车站。车站为端进式,两端为双层结构,地下一层为站厅层,地下二层为站台层,中间为单层结构,系站台层。车站总长度208.9m,总宽度24.2m,站台宽度14m。车站顶板覆土,双层结构为8~9.3m,单层结构为13.5m。车站共设置四个出入口,两条换乘通道,两条风道,其中北换乘通道增设了一条紧急疏散通道。

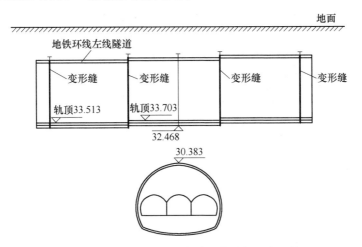

图9-1　地铁5号线崇文门暗挖车站与既有地铁
2号线崇文门站东端区间立交断面图

9.1.2　地质水文条件

工程场区地层由既有地铁结构底板处自上至下地层依次为④₃粉细砂层、④₄中粗砂层、⑤卵石圆砾层、⑤₁中粗砂层、⑥₁黏土层、⑥粉质黏土层、⑦₁中粗砂层、⑦₃黏土层、⑦₁中粗砂层,各地层物理力学性质见表9-1。

表 9-1 崇文门车站土层物理力学性质表

地层名称	密度 /g · cm⁻³	压缩模量/MPa	泊松比	黏聚力/MPa	摩擦角/(°)
杂填土	1.65	8	0.35	5	25
粉土填土	1.96	9.8	0.35	10	24
粉土	1.99	15.1	0.30	24.1	30.7
粉细砂	2.0	19.0	0.27	0.1	25
中粗沙	2.05	35.0	0.25	0.1	40
卵石圆砾	2.1	65.0	0.18	0.1	45
粉质黏土	1.89	12.5	0.45	41.6	16.9
细中砂	2.06	45.0	0.25	0.1	40
卵石圆砾	2.15	80.0	0.18	0.1	50

地下水分布情况如下：

上层滞水：含水层为①粉质黏土层、③中粗砂层，主要接受大气降水、灌溉水渗透补给和管沟渗漏补给。渗透系数小于 $1.2×10^{-4}$ ~ $6.0×10^{-4}$ cm/s。

潜水：水位标高为 30.85m，含水层为④₃ 粉细砂层、④₄ 中粗砂层、⑤卵石圆砾层、⑤₁ 中粗砂层、⑤₂ 粉细砂层，渗透系数 $6.0×10^{-4}$ ~ $6.0×10^{-2}$ cm/s。地下水径流方向为自西南向东北，该层水具有弱承压性。

承压水：水位标高 21.33 ~ 23.72m，含水层为⑦₁ 中粗砂层、⑦₂ 细中砂层、⑦卵石圆砾层，渗透系数 $6.0×10^{-2}$ ~ $6.0×10^{-1}$ cm/s。地下水径流方向自西南向东北。

可见，施工受潜水和部分承压水的影响。

9.2 既有地铁结构状况调查

9.2.1 既有地铁结构现状

5 号线崇文门车站施工从既有地铁 2 号线崇文门车站东喇叭口段隧道下方穿过，该段隧道结构施工时间为 1968 年 6 月至 1968 年 11 月，隧道自既有崇文门站到北京站之间由分体双洞单线隧道过渡成联体双洞单线隧道，隧道结构为 C30 钢筋混凝土方形框架结构，底板和侧墙厚度为 0.7m，顶板厚度 0.8m，每 18m 设置一条变形缝，单个隧道的断面尺寸为 5.9m×5.9m。

5 号线崇文门车站结构位于既有 2 号线里程 IK216+59.8 ~ +84.0 范围（右线里程），该范围既有地铁结构位于 R = 350m 的曲线上，既有地铁两个隧道的外轮廓总宽度由 16.5m 渐变为 13.5m，西宽东窄。既有地铁左右线结构有 6 条变形缝受到施工的影响，分别是右线：IK216+49.776，IK216+67.776，IK216+85.776

三条变形缝；左线：IK216+48.196，IK216+66.196，IK216+84.196 三条变形缝。

9.2.2 施工前状况调查

为全面了解既有地铁的情况，施工前对影响范围内的既有地铁进行了较为详细的调查和现状评估，主要内容及分析如下：

（1）既有地铁隧道结构建造于 1968 年，为 C30 钢筋混凝土方形框架结构，底板和侧墙厚度为 0.7m，顶板厚度 0.8m，单个隧道断面尺寸为 5.9m×5.9m，每 18m 设置一条变形缝。下穿施工中变形缝易发生差异沉降，产生错动。既有地铁修建中，结构底部进行了大量回填，施工中应予以重视。

通过对既有地铁混凝土强度、碳化深度及钢筋保护层厚度、芯样的 CL 离子含量和碱含量的测试表明，既有地铁满足原设计要求或规范规定的限值要求。钢筋经检测未锈蚀，部分混凝土表面出现蜂窝麻面现象，混凝土裂缝多为竖向裂缝，裂缝主要呈中间宽两端细、上端细下端宽两种形态。裂缝宽度在 0.1~1mm 之间。结合结构工作环境、裂缝形态及走向，推测裂缝为环境温差引起的混凝土胀缩造成的。

（2）道床为素混凝土结构，二次浇筑在隧道结构上，浇注面仅凿毛处理，未采用其他锚固措施。下穿施工中，道床与隧道结构可能会脱开，道床易产生裂缝、碎裂。预制混凝土轨枕整体浇注在道床中，轨枕与道床之间有钢筋锚固连接。扣件为弹性分开式 DTI 型扣件，可以通过加垫垫片抬高钢轨（50kg/m），最大垫高为 20mm。

（3）根据对限界的量测，部分断面高度方向的净空余量低于 40mm，可通过改移隧道顶部的漏泄电缆以增加净空余量。

（4）穿越影响范围的既有地铁结构位于 $R=350m$ 的曲线上，轨道最大高度为 120mm。此段既有地铁为离站加速段和到站减速制动段，列车在钢轨中产生的水平力较大，应采用轨距拉杆、护轨等予以防护。

9.2.3 施工中状况调查

既有地铁线建于 20 世纪 60 年代，结构洞体为现浇钢筋混凝土结构，道床为现浇素混凝土结构，轨枕为钢筋混凝土预制件结构，洞体混凝土和道床混凝土强度等级均为 C40，结构洞体混凝土与道床混凝土之间为二次浇筑，浇注面采取凿毛处理，未采用其他的锚固措施，预制混凝土轨枕与道床整体浇注在素混凝土道床中，且轨枕与道床之间有钢筋锚固连接。

新线车站采用浅埋暗挖法施工，于 2004 年 2 月开始施工，截至 2005 年 1 月，新线车站施工导致既有结构最大沉降达 30.9mm，经观测，既有结构中道床与结构间产生裂缝，为保证道床的正常工作和运营安全，甲方委托国家工业建筑诊断与改造工程技术研究中心对地铁 5 号线下穿 2 号线地铁崇文门区间既有结构、隧道限界和道床进行了系统的检测与评估。评估结果如下：

（1）对结构的检测表明，结构边墙与顶板的裂缝有所加宽，其增大幅度为 0.1~0.7mm，结构自身开裂情况较为严重，裂缝宽度多为 0.3~0.7mm，个别较宽处达到 1.3~1.7mm，裂缝多为环向。在车站施工过程中，监测单位对裂缝的发展和变化进行了实时监测，根据监测结果和结构安全评估要求，可以在车站的施工过程中以及施工完成后对结构的裂缝进行补强处理。

对于一些对结构的使用和强度有影响的裂缝要即时进行处理。处理措施如下：

1）首先组织权威部门评估裂缝对于结构的耐久性和强度的影响程度。

2）根据评估结果采取相应的处理措施，对于一般的结构裂缝采用注环氧树脂填充的措施进行处理，对于对结构耐久性和强度影响较大的裂缝除采用环氧树脂填充外，根据需要采取措施对结构进行补强处理。

（2）既有地铁机车高度（轨面到车顶距离）为 3.51m，隧道限界的量测结果表明，尽管新线施工引起既有地铁的沉降，但既有隧道净空还是有足够的余量。

（3）道床的检测与评估。对道床的检测内容主要包括道床表面裂缝现状检测、道床底面与洞体结构间裂缝现状检测和道床与洞体结构共同作用分析。评估结果认为：

1）道床表面裂缝主要由于道床混凝土因温差胀缩引起，洞体结构不均匀下沉对道床表面裂缝也产生了局部不利影响。

2）道床底面与洞体结构间的裂缝主要集中在 5 号线下穿通过区域，在靠近变形缝附加区域裂缝基本贯通，裂缝产生的主要原因是受轨道约束作用影响，在洞体下沉变形情况下道床与洞体沉降不同步引起的。

3）对道床与洞体结构的共同工作分析表明，在目前道床裂缝分布状况并经灌浆处理后，道床与洞体结构之间能够共同工作。

4）在后续施工和列车动载的影响下，道床裂缝可能会进一步发展并产生新的裂缝，需定期检查。

9.2.4 施工方案优化

（1）初步拟定施工方案。根据工程勘察结果和既有地铁检测成果，在充分掌握工程条件和既有地铁变位的控制标准的基础上，本着分步开挖、严控变位的原则，广泛收集类似工程经验的基础上，初步确定施工方案。

（2）施工方案优化。采用理论或数值计算方法，以一些控制指标为依据，对初步拟定的施工方案作对比分析，使得施工完成后某些重要关注的控制指标值达到最优，比如既有结构最大沉降、变形缝差异沉降等。根据计算情况并结合变位控制标准给出如下施工方案优选指标：结构最大累计沉降量、沉降缝两侧结构差异沉降、既有结构两侧差异沉降、该指标反映了既有结构在横向的转动，它间接地决定两轨道的差异沉降、土体沉降槽形态特征；取既有结构底高程所处的土体沉降槽，对比施工造成的沉降槽形态特征，土体塑性区分布。

（3）既有结构分步变位控制标准曲线的设计。通过对既定施工方案的分析，得到各分步施工导致的沉降量和累计沉降量及其各自在总预计沉降量中所占比例。根据分步施工累计沉降比例，分别乘以既有结构分级管理的沉降控制值，便得到分步施工沉降控制标准。将分步施工沉降预测值与各分步施工沉降控制标准绘制成曲线图，便得到既有结构累计沉降量的设计曲线和分步施工沉降控制标准曲线。

以崇文门为例，崇文门实行预警和报警两级管理。得到分步施工沉降控制标准，既有结构累计沉降量的设计曲线和分步施工沉降控制标准曲线如图 9-2 所示。

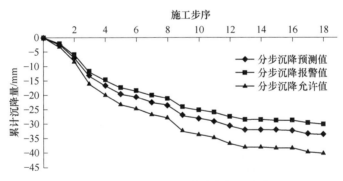

图 9-2 既有结构分步沉降控制标准曲线图

9.3 施工安全风险评价

9.3.1 风险辨识

对隧道穿越崇文门地铁站施工风险的辨识，即对施工期间潜在的风险因素进行分析、归纳、整理、筛选，重点考虑对地层变形这一目标参数影响较大的风险因素。

根据隧道穿越既有地铁崇文门车站的工程地质及水文地质条件以及前期设计情况，列举的地层变形风险辨识图如图 9-3 所示。利用事故树（AFT）法对风险进行动态分析评估。

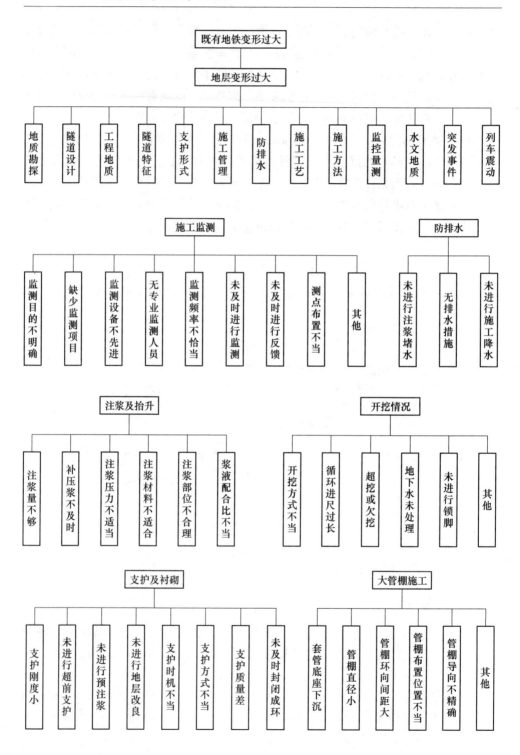

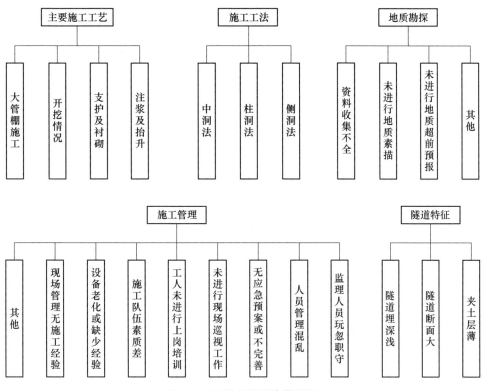

图 9-3 地层变形风险辨识图

9.3.2 风险评价

在进行了全部可能的风险辨识后，对上述的风险因素进行概率估算，利用专家调查法、ATF 法等，根据评判标准进行风险评价。

隧道穿越既有地铁施工风险评估与管理所采用的风险评估方法和评判标准依据国际隧道协会（ITA）2004 年制定的隧道风险评估指南和同济大学主编的《地铁及地下工程风险管理指南》以及既有地铁崇文门现状评估结果，给出了如表 9-2~表 9-5 所示的风险发生概率、风险评估矩阵、后果损失以及风险接受准则。

表 9-2 风险发生概率等级标准

等 级	一级	二级	三级	四级	五级
事故描述	不可能	很少发生	偶尔发生	可能发生	频繁发生
区间概率	$P<0.01\%$	$0.01\%\leqslant P<0.1\%$	$0.1\%\leqslant P<1\%$	$1\%\leqslant P<10\%$	$P\geqslant 10\%$

表 9-3 风险评估矩阵

风险概率	风险损失				
	可忽略	需考虑	严重	非常严重	灾难性
A：$P<0.01\%$	1A	2A	3A	4A	5A
B：$0.01\%\leqslant P<0.1\%$	1B	2B	3B	4B	5B
C：$0.1\%\leqslant P<1\%$	1C	2C	3C	4C	5C
D：$1\%\leqslant P<10\%$	1D	2D	3D	4D	5D
E：$P\geqslant 10\%$	1E	2E	3E	4E	5E

表 9-4 风险事故损失等级标准

等级	一级	二级	三级	四级	五级
描述	可忽略	需考虑	严重	非常严重	灾难性

表 9-5 风险接受准则

等级	风险	接受准则	控制对策
一级	1A、2A、1B、1C	可忽略的	不必进行管理
二级	3A、2B、3B、2C、1D、1E	可容许的	引起注意，需常规管理审视
三级	4A、5A、4B、3C、2D、2E	可接受的	引起重视，需防范，监控措施
四级	5B、4C、5C、3D、4D、3E	不可接受的	需高层决策，需控制，预警、报警措施
五级	5D、4E、5E	拒绝接受的	立即停止施工，整改、规避或预案措施

安全风险分析及估算、评估，应当注意以下几点：

（1）上述的风险概率估计、风险评估准则、风险接受准则、风险损失等级是只相对于隧道施工本身出现的风险的评判，但其风险评估结果对既有地铁的评估有影响。

（2）对于隧道施工对既有地铁的风险评判，应在（1）的基础上，结合施工既有地铁的现状评估综合进行。

（3）在（1）中的风险接受准则中，考虑到风险估算时的主观性（如专家调查），应当结合施工监测数据以及实施的监测（包括施工监测及第三方监测）安全风险管理三级标准综合判断，是否应采取某种控制措施，当风险到达五级时，应当采取停工等措施，但如果实际情况中的施工监测并未到达监测管理的 2 级或者 3 级时，施工不宜停工。

在进行动态风险评估过程中，为方便起见，也为了便于说明风险的动态评估过程，人为地将整个施工过程分三个大的阶段进行风险评估（风险的动态过程评估根据具体情况进行划分）：

（1）施工阶段1：既有地铁在掌子面施工影响范围之外。这个阶段包括施工开挖准备阶段，施工单位按照设计技术交底进行正式施工开挖；这个阶段的时间可根据监测数据的变化情况进行，这个阶段主要的施工工艺有大管棚施工。

（2）施工阶段2：掌子面接近既有地铁，但既有地铁在影响范围之外，这个阶段施工现场的监测数据表明，监测数据接近或者超过预警状态，施工单位需采取一定的措施，包括优化施工方案、加强施工管理及监理工作等。

（3）施工阶段3：掌子面接近既有地铁阶段至穿过既有地铁阶段，不管监测数据的变化如何，这个阶段进入风险评估的重要阶段，在该阶段中，施工单位严格按照确定的专项施工方案进行，包括采取重要的施工工序、进行注浆、抬升注浆，采取先进的监测设备进行既有地铁的监测等，同时，继续加强施工管理及施工监理工作。

表9-6比较了三个阶段的隧道地层变形给既有地铁造成影响的风险评价，可以看出：

（1）于对设备更新，采用了先进的监测设备，优化了施工工艺以及施工方法，采取了如大管棚施工以及注浆抬升既有地铁等关键的施工工艺，使得隧道上部的地层变形得到了有效的动态控制。

（2）施工管理、施工注浆及注浆抬升、支护及衬砌、隧道开挖等的风险水平在动态控制过程中发生了变化，风险水平有所降低。

由此可以在隧道穿越既有地铁施工过程中实行动态风险跟踪及控制能有效地降低施工风险，具有明显的风险防范效益。

9.4 施工安全控制措施

9.4.1 注浆施工工艺及措施

在崇文门新建地铁结构形成封闭后可对新建工程与既有结构间的土体施行注浆，在密实土体后实现对既有结构抬升。在对既有结构抬升时应解决好两个方面的问题：一是保证既有结构的整体均匀抬升，不致在抬升过程中出现过大的应力集中，造成结构的破坏；二是掌握好控制的标准，保持各种指标恢复的协调性，同时确定出合理的控制标准，满足既有地铁运营要求。

表9-6 隧道地层变形给既有地铁造成影响的风险评价

项目	风险因素	施工阶段1				施工阶段2				施工阶段3			
		发生概率	损失后果	风险等级	风险等级	发生概率	损失后果	风险等级	风险等级	发生概率	损失后果	风险等级	风险等级
隧道设计	前期设计	D	3	四级	四级	C	3	三级	三级				三级
	施工过程变更设计											三级	
	穿越既有地铁专项设计									C	3	二级	
地质勘探	地质资料收集不全	B	3	二级	二级	B	3	二级	二级	B	3	二级	三级
	未进行地质素描	B	3	二级		B	3	二级		B	3	二级	
	未进行超前地质预报	D	3	四级	四级	C	3	三级	三级	C	3	三级	
工程水文地质	承压水	D	4	四级	四级	C	4	四级	四级	C	4	四级	四级
	土层自立性差	D	4	四级		C	4	四级		C	4	四级	
施工方法	施工方法不当	E	4	五级	五级	D	4	四级	四级	C	4	四级	四级
	开挖方式不当	D	4	四级		C	4	三级		C	4	三级	
	循环进尺过长	E	4	五级		D	4	四级		C	4	四级	
隧道开挖情况	初支表面漏水	E	4	五级	五级	D	4	四级	四级	C	4	四级	四级
	未进行锁脚	E	4	五级		D	4	四级		C	4	四级	
	未及时进行初支背后回填注浆	E	4	五级		D	4	四级		C	4	四级	
	超挖	E	4	五级		D	4	四级		C	4	四级	
	欠挖	C	3	三级		C	3	三级		C	3	三级	
施工期防排水	未进行注浆堵水	D	4	四级	三级	C	4	三级	二级	C	4	三级	二级
	排水措施不当	C	3	三级		B	3	二级		B	3	二级	
	降水措施不当或未进行施工降水	C	3	三级		B	3	二级		B	3	二级	

续表 9-6

项目	风险因素	施工阶段 1			施工阶段 2			施工阶段 3		
		发生概率	损失后果	风险等级	发生概率	损失后果	风险等级	发生概率	损失后果	风险等级
施工注浆	注浆量不够	D	4	四级	C	4	四级	C	4	四级
	注浆压力不适当	D	4	四级	D	4	四级	C	4	四级
	注浆材料不合适	D	4	四级	C	4	四级	C	4	四级
	注浆部位不合理	D	4	四级	D	4	四级	C	4	四级
	浆液配合比不恰当	C	4	四级	C	4	四级	C	4	四级
注浆抬升	补压浆不及时	D	4	四级	D	4	四级	C	4	四级
支护衬砌情况	支护刚度小	D	5	五级	C	5	四级	B	5	四级
	未进行超前支护或超前支护弱	C	5	四级	C	5	四级	C	5	四级
	未进行预注浆	C	4	四级	C	4	四级	B	4	三级
	初支不到位，背后留有空洞	D	5	五级	C	5	四级	B	5	四级
	未进行地层加固与改良	D	4	四级	C	4	四级	B	4	三级
	支护时机不当	C	3	三级	B	3	三级	B	3	三级
	拆撑时机过早	C	3	三级	C	3	三级	C	3	三级
	支护方法不当	D	3	三级	D	3	四级	C	3	四级
	支护质量差	C	3	三级	C	3	三级	C	3	三级
	闭环成环周期长	D	5	五级	C	5	四级	B	5	四级
隧道特征	隧道与既有地铁夹层土薄	E	5	五级	E	5	五级	E	5	五级
	隧道断面大而扁	D	4	四级	D	4	四级	D	4	四级
	隧道埋深浅	D	4	四级	D	4	四级	D	4	四级

续表9-6

项目	风险因素	施工阶段1				施工阶段2				施工阶段3			
		发生概率	损失后果	风险等级	风险等级	发生概率	损失后果	风险等级	风险等级	发生概率	损失后果	风险等级	风险等级
列车震动	列车速度过大	E	4	五级	五级	D	4	四级	四级	C	4	三级	三级
突发事件	突泥	E	5	五级	五级	D	5	五级	五级	C	5	五级	五级
	突水	E	5	五级		D	5	五级		C	5	五级	
大管棚施工	套管下沉	D	5	五级	四级								
	管棚直径小	C	4	四级									
	管棚环向间距过大	C	3	三级									
	管棚布置位置不当	C	4	四级									
	管棚施作时导向不精确	D	3	四级									
施工组织	隧道施工工期超前	B	2	二级	三级	B	2	二级	一级	B	2	二级	一级
	隧道施工工期延误	C	3	三级		B	3	二级		B	3	二级	
其他	其他因素	C	3	三级	三级	C	3	三级	三级	B	3	三级	三级
施工监控量测	量测目的不明	C	3	三级	四级	B	3	三级	三级	B	3	三级	三级
	量测器材精度低	C	3	三级		B	3	三级		B	3	三级	
	测点布置不当	D	3	四级		C	3	三级		C	3	三级	
	量测频率不当	D	4	四级		C	4	三级		C	4	三级	
	缺少监测项目	D	4	四级		C	4	三级		C	4	三级	

续表 9-6

项目	风险因素	施工阶段 1				施工阶段 2				施工阶段 3			
		发生概率	损失后果	风险等级		发生概率	损失后果	风险等级		发生概率	损失后果	风险等级	
施工监控量测	监测不及时	D	4	四级	四级	C	4	三级		C	4	三级	
	信息反馈不及时	D	4	四级		C	4	三级	三级	C	4	三级	三级
	设备老化或缺少设备	B	3	二级		A	3	二级		A	3	二级	
	现场管理混乱，无施工经验	D	3	三级		B	3	三级		B	3	二级	
	施工队伍素质差	D	4	四级	四级	C	4	四级		C	4	四级	
施工管理	工人未进行培训	D	4	四级		C	4	四级	三级	C	4	四级	三级
	未进行现场施工巡视工作	B	3	二级		B	3	三级		B	3	三级	
	无应急救援预案或预案不完善	D	5	五级		C	5	四级		C	5	四级	
	人员管理混乱	C	4	三级		B	4	三级		B	4	三级	
	监理人员玩忽职守	D	4	四级		C	4	三级		C	4	三级	

注：1. 大管棚是在第一阶段施工前就已经施作好的，因此在第二、第三阶段不进行评估；

2. 阶段表示在有措施优化或管理完善的情况下；

3. 隧道特征无法改变。

9.4.1.1　注浆目的

（1）通过排管注浆，对既有地铁结构和管幕之间的土体进行改良加固。

（2）通过排管注浆，形成两道隔离墙，将既有地铁中洞范围土体基础与侧洞范围土体基础分割开，减小侧洞施工对中洞范围基础的扰动，从而起到控制既有地铁结构最大沉降点沉降发展的作用。

（3）通过排管注浆，对既有地铁结构进行抬升，对既有地铁结构损失的高程进行恢复，并为类似工程寻找一条有效的技术措施。

9.4.1.2　施工方法

排管注浆根据既有地铁位置分割为既有地铁两侧、既有地铁中间、既有地铁下方三部分。

（1）成孔。成孔需要穿过车站处支护结构和管幕注浆层，所以采用风钻成孔，风钻钻头直径为 $\phi42$，成孔孔径在 $\phi48$ 左右。在风钻成孔完成后，采用吹管清理钻孔，保证钻孔直径和成孔深度。风钻钻进成孔在 1.5m 左右，剩余部分采用风管引孔，既有地铁下注浆管引孔深度以达到既有地铁结构防水层下垫层为准，深度在 2.3m 左右，其余部分以满足注浆管需要为准。

（2）排管。注浆管采用 $\phi32$ 注浆管，管长 2.5～3m，采用风镐将注浆管顶进到位，到位后外露 20～25cm。注浆管焊接在初支钢筋上固定牢固，钻孔和注浆管间的空隙采用堵水速凝封闭密实。

（3）压浆。考虑到既有地铁基础为回填建筑垃圾，浆液采用可灌性好，早凝早强的 HSC 浆液，水灰比控制在 1:0.9，凝固时间为 20min 左右，保证了浆液良好的操作性和适应性，注浆压力表终压控制在 0.8MPa 左右。

9.4.1.3　施工安全质量控制

（1）注浆管分区及编号。注浆管间距 50cm，编号自北端开始，东西两侧每侧排注 77 根，在既有地铁外侧的排管长 3m，在既有地铁下方的排管长 2.5m。排管编号分为东侧和西侧两组，单独编号成东侧 1，东侧 2…，西侧 1，西侧 2…。

（2）注浆顺序。注浆首先施工既有地铁外侧三个区域，然后再施工既有地铁下区域，达到良好的既有地铁下土体注浆加固效果。在施工的过程中考虑到浆液的流动问题，注浆和排管间隔进行，每个区域先施工 1、3、5…，然后施工 2、4、6…，在注浆过程中严密观察相邻注浆管，发生漏浆时及时封堵，然后再注，防止串浆带出土体引起沉降。

（3）注浆时间。注浆时间根据位置不同严格安排，在既有地铁下方的注浆管注浆时间安排在列车停运后开始，列车运营前 1h 停止，即夜间 11:30 开始，第二天凌晨 4:00 停止。其他部位的注浆管时间安排可以相对灵活处理。

（4）注浆设备和压力控制。注浆采用压力可控性好的双液注浆泵，采用 6 台设备，设备保证运转维护正常，压力控制表完好，在注浆的过程中采用低速注浆，保证浆液的扩散，注浆过程中随时观察压力表的变化，注浆压力表终压控制在 0.8MPa 左右。

（5）注浆过程中必须作好注浆记录，以追溯注浆的控制和评估注浆的效果。

（6）在注浆过程中，请监测人员做好既有地铁结构的监测和新建车站结构的监测，根据监测信息指导和调整施工参数和安排。

（7）在注浆过程中安排好管理干部和技术干部以及项目部领导的值班，确保注浆各项技术、安全措施的落实。

9.4.2 变形缝渗漏水控制措施

9.4.2.1 既有地铁变形缝形式

既有地铁左右线结构有六条变形缝受到施工的影响，分别是左线（对应左线里程）：IK216+49.776，IK216+67.776，IK216+85.776 三条变形缝；右线（对应右线里程）：IK216+48.196，IK216+66.196，IK216+84.196 三条变形缝，变形缝对应左右线里程不同是由于结构在该范围位于曲线上造成。既有地铁变形缝采用沥青木板嵌缝，1：3 水泥砂浆勾缝，变形缝底板防水使用厚 10cm 的 100 号豆石混凝土，1：3 水泥砂浆找平层，五层沥青玻璃布油毡，其中含有两层铜片和厚 5cm 的 150 号豆石混凝土。变形缝顶板防水采用半砖盖缝、嵌油毡条、150 号豆石混凝土厚 5cm、五层沥青玻璃布油毡、1：2.5 水泥砂浆保护层，沥青玛瑞脂嵌缝。变形缝边墙接茬以上防水采用一砖保护墙、水泥砂浆找平层、五层沥青玻璃布油毡、水泥砂浆保护层。变形缝边墙接茬以下防水采用一砖保护墙、1：3 水泥砂浆找平层、五层沥青玻璃布油毡、1：2.5 水泥砂浆保护层。

9.4.2.2 变形缝处理方案

由于既有地铁结构变形缝在车站施工过程中存在差异沉降，同时既有地铁防水层属于脆性材料，所以在施工过程中和施工完成后，地下水位恢复后变形缝可能发生渗漏水，发生渗漏水后根据不同的施工阶段进行相应处理，避免影响运营安全。

（1）在施工过程中水的处理。在车站的施工过程中若变形缝发生渗漏水，主要采用汇水引导的措施将渗漏水引到地铁的排水沟内，避免对运营产生不良影响。承水槽示意图如图 9-4 所示。

（2）施工完成后水的处理。在车站施工完成后，对既有地铁结构变形缝渗漏水治理采用注浆堵水的措施进行处理。首先

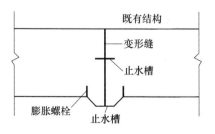

图 9-4 变形缝承水槽剖面图

在变形缝渗漏水部位两侧用风钻钻孔、安设压浆管、封闭压浆管与结构之间的空隙，低压注速凝无收缩高强水泥浆液止水，在封管与注浆的过程中必须注意对整体道床安全和稳定的观察与保护，避免浆液进入结构与道床之间。注浆完成后观察一段时间，直至变形缝无渗漏水现象为止，变形缝注浆图如图 9-5 所示。

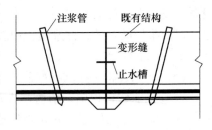

图 9-5　变形缝注浆图

（3）浆液配合比是无收缩高强浆液：超细水泥水：XPM：水 = 0.9：0.1：0.5。

（4）在变形缝位置安装承水槽，将水引至隧道内排水沟。

9.4.3　结构裂缝控制措施

（1）既有地铁结构概况。根据既有地铁结构的评估报告，既有地铁在运营 30 多年后，结构自身开裂情况较为严重，裂缝宽度多为 0.3 ~ 0.7mm，个别较宽处达到 1.3 ~ 1.7mm，裂缝多为环向。在车站施工过程中，监测单位对裂缝的发展和变化进行了实时监测，根据监测结果和结构安全评估要求，可以在车站的施工过程中以及施工完成后对结构的裂缝进行补强处理。

（2）裂缝的治理方案。在进行既有地铁段施工前，首先对既有地铁结构强度和现状进行全面评估，根据检测结果确定施工控制标准，在施工过程中，要加强对既有地铁结构的检查，对结构裂缝进行跟踪观察，密切注意裂缝的发展情况，对于一些对结构的使用和强度有影响的裂缝要即时进行处理。处理措施如下：

1）首先组织权威部门评估裂缝对于结构的耐久性和强度的影响程度。

2）根据评估结果采取相应的处理措施，对于一般的结构裂缝采用注环氧树脂填充的措施进行处理，对于对结构耐久性和强度影响较大的裂缝除采用环氧树脂填充外，还要根据需要采取措施对结构进行补强处理。

（3）裂缝处理材料。为了确保既有地铁结构的整体性及耐久性，对裂缝进行化学灌浆处理。灌浆材料采用环氧糠酮浆液，它由五种组分混合而成，主剂为环氧树脂、糠酮，稀释剂用丙酮、二甲苯，固化剂为乙二胺，促凝剂为苯酚、间苯二酚。

浆液固化时间为 24 ~ 48h，凝固后抗压强度为 50 ~ 80MPa，抗拉强度为 8 ~ 16MPa，干粘强度为 1.9 ~ 2.8MPa。

（4）施工工艺。灌浆工艺流程：清缝—埋灌浆口—封缝—试漏—灌浆—保压硬化。

1）清缝用丙酮或无水酒精擦洗混凝土裂缝表面。

2）埋灌浆口用封缝胶沿裂缝走向粘贴灌浆口，间距 20~50cm。

3）封缝用无机封缝胶封闭裂缝表面。

4）试漏：3h 后，在封缝表面涂抹清洁精，用气泵供压，压力 0.3~0.8MPa，接通灌浆口后，检查封缝是否漏气以及相邻灌浆口是否连通。

5）灌浆采用灌浆机对灌浆口由下向上进行灌浆，灌浆压力在 0.3MPa 左右，维持压力 10min，并保持稳定，直至相邻灌浆口出浆。

6）封口保压灌浆完毕，立刻封闭灌浆口，以保持裂缝内的浆液压力，增加浆液的渗透性，使浆液充满裂缝直至硬化。

（5）效果检验。裂缝灌浆处理完成后，可采用钻孔取芯的手段对裂缝灌浆处理效果进行检验。

9.4.4　轨道沉降控制措施

对于轨道沉降超限问题，可首先采用轨道调节，如果调节后能够满足正常运营，则该问题得到有效解决。如果轨道调节后仍不能满足正常运营要求，可以采用抬升技术，对既有隧道结构进行抬升，使得既有地铁轨道结构在新线施工过程中的高程损失得到恢复，从而满足正常运营要求。值得说明的是，对既有地铁轨道结构的高程恢复仅是部分恢复，恢复的目标是恢复后的高程能够满足正常运营即可，而不必恢复到新线施工前的既有轨道的高程。同时，对既有地铁的恢复一般伴随着新线施工进行，当沉降已经影响到正常运营时就需要进行恢复工作。

按照作用对象的不同，对于建（构）筑物的抬升大体上可将所采用的恢复措施分成两类：一类是直接措施，如托换抬升；另一类是间接措施，如注浆抬升。以下是对既有建（构）筑物抬升所采取的常用措施。

9.4.4.1　直接措施

直接措施的基本原理就是采用钢筋混凝土桩、柱、梁等结构进行组合，在既有建（构）筑物的下方施作，以代替新建隧道结构承受上方建（构）筑物的重量，实现对既有建（构）筑物的受力托换。在此过程中设置若干支承点，通过对这些支承点的顶升设备如千斤顶等同时启动，从而使建（构）筑物沿某一平面向上抬升，并可使既有建（构）筑物沉降变小。常用的方法如下：

（1）抬墙梁顶升法。该方法是在既有建（构）筑物基础两侧设置混凝土墩或者桩，再将预制的钢筋混凝土梁横穿基础，分别在梁底与墩或桩之间设置千斤顶，进行加压、抬升，使既有建（构）筑物的沉降得到一定恢复。采用该法，要求既有建（构）筑物上部结构有较好的刚度，墙体及基础不能有严重开裂现象。

一般对于上部荷载较小、地基承载能力较高的构筑物，可在沉降基础两侧做墩；对于上部荷载较大、地基承载力较低的构筑物，可在沉降的基础两侧做混凝土钻孔灌注桩、混凝土大直径挖孔灌注桩、旋喷桩等。墩或桩的混凝土强度等级不应低于 C20。

（2）静力压入桩法。该法是利用既有建（构）筑物自身重量作反力，用千斤顶直接在既有建（构）筑物基础下，以基础底面为反力支托将桩压入地基土中，借助土体反力来支撑桩，在压桩的同时，给基础一个向上顶起的反作用力，起到减小沉降的作用。该法适用于在松软填土、淤泥土、含有透镜体地质条件上的既有建（构）筑物。

需要注意的是，当所需的压入桩数量较多时，应该分段、分批开挖土体与压入预制桩，特别注意不能因开挖过大而引起既有建（构）筑物新的沉降。

9.4.4.2　间接措施

间接措施的目的就是通过处理土体自身变形来达到恢复沉降的目的，在地下工程中，注浆则是处理控制土体自身变形的常用措施。在土体中注浆就是通过材料的膨胀产生压力从而达到对既有地铁结构的沉降进行恢复的目的。同时也改良土体性质，增大土体刚度等，对以后施工产生既有结构沉降也有制约作用。注浆可以分两种，一种是在既有构筑物内向下方注浆，另一种是在新建隧道内向上方的土体注浆。

在实际应用过程中，上述的直接措施和间接措施两者间并没有本质区别，而是常常相互配合，以取得较好的效果，二者实际上都是对既有建（构）筑物进行抬升的技术。

针对崇文门地铁站的实际情况，采用托换抬升的方式在操作上存在一定困难，因此，首选注浆抬升方案。注浆可以分两种，一种是在崇文门既有地铁结构内向下方的土体注浆，另一种是在新建崇文门车站内向上方的土体注浆。考虑到崇文门既有地铁运营的实际情况，经过反复论证，出于既有结构防水等问题的考虑，排除了在既有结构内注浆的可能性，因此采用在既有结构下方已经施工的中洞天梁两侧对既有结构注浆抬升的措施。

参 考 文 献

[1] 王占生，王梦恕. 盾构施工对周围建筑物的安全影响及处理措施 [J]. 中国安全科学学报，2002，12（2）：45~49.

[2] 关继发. 新建地铁隧道穿越既有地铁安全风险及其控制技术的研究 [D]. 西安：西安建筑科技大学，2008.

[3] 彭立敏，安永林，施成华. 近接建筑物条件下隧道施工安全与风险管理的理论与实践 [M]. 北京：科学出版社，2010.

[4] 杨平，刘成. 盾构隧道施工对周边环境影响及灾变控制 [M]. 北京：科学出版社，2010.

[5] 侯艳娟. 城市暗挖隧道穿越既有结构物的安全性控制 [J]. 土木工程学报，2016，49（S2）：75~78.

[6] 孙长军. 北京地铁近接施工安全风险控制技术及应用研究 [D]. 北京：北京交通大学，2017.

[7] 代志勇. 城市地下工程顶管法施工对既有构筑物影响的研究 [D]. 北京：北京交通大学，2017.

[8] 徐珂. 高速公路下穿既有运营铁路施工关键技术及安全控制研究 [D]. 西安：西安建筑科技大学，2013.

[9] 周松，陈立生. 地下穿越施工技术 [M]. 北京：中国建筑工业出版社，2016.

[10] 吴念祖. 虹桥国际机场飞行区地下穿越技术 [M]. 上海：上海科学技术出版社，2010.

[11] 住建部. GB 50911—2013 城市轨道交通工程监测技术规范 [S]. 北京：中国建筑工业出版社，2014.

[12] 山东省建设厅. GB 50497—2009 建筑基坑工程监测技术规范 [S]. 北京：中国计划出版社，2009.

[13] 上海岩土工程勘察设计研究院有限公司. DG/TJ08-2001—2016. 基坑工程施工监测规程 [S]. 上海：上海市建设和交通委员会，2016.

[14] 上海市建设和管理委员会. GB 50202—2002 建筑地基基础工程施工质量验收规范 [S]. 北京：中国计划出版社，2002.

[15] 上海市勘察设计行业协会，等. DG/TJ08-61—2010 基坑工程技术规范 [S]. 上海：上海市城乡建设和交通委员会，2010.

[16] 住建部. GB 50911—2013 城市轨道交通工程监测技术规范 [S]. 北京：中国建筑工业出版社，2014.

[17] 住建部. GB 50446—2017 盾构法隧道施工与验收规范 [S]. 北京：中国建筑工业出版社，2017.

冶金工业出版社部分图书推荐

书　名	作　者	定价(元)
冶金建设工程	李慧民　主编	35.00
岩土工程测试技术（第2版）（本科教材）	沈　扬　主编	68.50
现代建筑设备工程（第2版）（本科教材）	郑庆红　等编	59.00
土木工程材料（第2版）（本科教材）	廖国胜　主编	43.00
混凝土及砌体结构（本科教材）	王社良　主编	41.00
工程结构抗震（本科教材）	王社良　主编	45.00
工程地质学（本科教材）	张　荫　主编	32.00
工程造价管理（本科教材）	虞晓芬　主编	39.00
建筑施工技术（第2版）（国规教材）	王士川　主编	42.00
建筑结构（本科教材）	高向玲　编著	39.00
建设工程监理概论（本科教材）	杨会东　主编	33.00
土力学地基基础（本科教材）	韩晓雷　主编	36.00
建筑安装工程造价（本科教材）	肖作义　主编	45.00
高层建筑结构设计（第2版）（本科教材）	谭文辉　主编	39.00
土木工程施工组织（本科教材）	蒋红妍　主编	26.00
施工企业会计（第2版）（国规教材）	朱宾梅　主编	46.00
工程荷载与可靠度设计原理（本科教材）	郝圣旺　主编	28.00
流体力学及输配管网（本科教材）	马庆元　主编	49.00
土木工程概论（第2版）（本科教材）	胡长明　主编	32.00
土力学与基础工程（本科教材）	冯志焱　主编	28.00
建筑装饰工程概预算（本科教材）	卢成江　主编	32.00
建筑施工实训指南（本科教材）	韩玉文　主编	28.00
支挡结构设计（本科教材）	汪班桥　主编	30.00
建筑概论（本科教材）	张　亮　主编	35.00
Soil Mechanics（土力学）（本科教材）	缪林昌　主编	25.00
SAP2000结构工程案例分析	陈昌宏　主编	25.00
理论力学（本科教材）	刘俊卿　主编	35.00
岩石力学（高职高专教材）	杨建中　主编	26.00
建筑设备（高职高专教材）	郑敏丽　主编	25.00
岩土材料的环境效应	陈四利　等编著	26.00
建筑施工企业安全评价操作实务	张　超　主编	56.00
现行冶金工程施工标准汇编（上册）		248.00
现行冶金工程施工标准汇编（下册）		248.00